青少年心理品质丛书

主编：夏阳

学会让别人快乐

张俊红◎编著

新疆美术摄影出版社

新疆电子音像出版社

图书在版编目(CIP)数据

学会让别人快乐 / 张俊红编著. -- 乌鲁木齐 : 新疆美术摄影
出版社:新疆电子音像出版社,2013.4
ISBN 978-7-5469-3895-0

Ⅰ.①学… Ⅱ.①张… Ⅲ.①成功心理 – 青年读物②
成功心理 – 少年读物 Ⅳ.①B848.4–49

中国版本图书馆 CIP 数据核字(2013)第 071549 号

学会让别人快乐　　主　编　夏　阳

编　　著	张俊红	
责任编辑	吴晓霞	
责任校对	李　瑞	
制　　作	乌鲁木齐标杆集印务有限公司	
出版发行	新疆美术摄影出版社	
	新疆电子音像出版社	
地　　址	乌鲁木齐市经济技术开发区科技园路 7 号	
邮　　编	830011	
印　　刷	北京新华印刷有限公司	
开　　本	787 mm×1 092 mm　　1/16	
印　　张	15	
字　　数	214 千字	
版　　次	2013 年 7 月第 1 版	
印　　次	2013 年 7 月第 1 次印刷	
书　　号	ISBN 978-7-5469-3895-0	
定　　价	45.00 元	

本社出版物均在淘宝网店:新疆旅游书店(http://xjdzyx.taobao.
com)有售,欢迎广大读者通过网上书店购买。

1

目
录

目
录

5

第一章　分享快乐，体验乐趣

　　悲哀与幸福总是需要与人分享的。当你快乐时，你可以把它散布到各个角落，你应成为美与爱的使者，将快乐这个礼物送给他人分享。

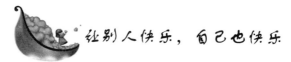让别人快乐，自己也快乐

快乐是人生最高的境界，是获得人生幸福的原因和表现。快乐是一种积极的处世态度，它是以宽容、接纳、豁达、愉悦的心态去看待周边的世界。人生快乐与否是一种心理感受，即使人的境遇由于外来因素而有所改变，人们无法通过自身的努力去改变自己的生存状态，也可以通过自己的精神力量去调节自己的心理感受，尽量将其调适到最佳状态来享受人生，品味快乐。

人普遍有一种情绪，它并不因为人们财富的多寡、地位的高低而增减，全部的奥秘只在内心，那就是快乐。有一种人生最为宝贵的无形财富，它简单易得却又千金难求，任谁也无法将它夺走或购买到，那就是快乐。

渴望人生的愉悦，追求人生的快乐，是人的天性，每个人都希望自己的人生是快乐的，充满愉悦的。可是现实生活中并不如想象的那样简单纯一，做到让自己快乐是天性使然，做到让别人快乐却是需要很多智慧的。

有一个年轻人去请教智者：

"我怎样才能成为一个让别人快乐，自己也快乐的人呢？"智者告诉了他四句话：把自己当别人，把别人当自己，把别人当别人，把自己当自己。

不快乐时，不妨"把自己当别人"。想想世界上有很多人跟你有同样的问题，有很多人忍受着比你更大的苦难，你就会心平气和许多。这是一种勇气。

看到别人痛苦时，不妨"把别人当自己"。试着理解、体会别人的痛苦，给别人支持和帮助。这是一种仁慈。当你不能理解、不能接受某些事情时，不妨"把别人当别人"。我们无法了解所有的事情，发生了就是合理的。每个人都是一个不同的世界，我们可以试图去接受、尊重。这是一种宽容。

当你迷失时，不妨"把自己当自己"。你就是你，你有长处，也有不足，你无法让所有的人都对你感到满意、接纳自己，好好和自己相处，这是一切快乐的基础。

勇气、仁慈、宽容、自尊，当你具备这些特质时，让别人快乐，自己也快乐，应该不难做到了。

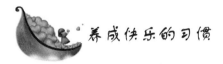 养成快乐的习惯

当我们渴望自己每天都有一个好心情的时候，我们是否尝试过每天早上起来的时候给自己一个对美好心情的期盼，并且用这种期盼来鼓舞和激励自己呢？真的，这确实是一个非常不错的主意，当我们每一天都坚持做下去，使之成为一种习惯的时候，我们会发现我们的心情越来越好，我们的幸福感觉也越来越强烈。

美国有这样一个故事：一个清晨，汤姆乘坐在老式火车的卧车中，大约有 6 个男士正挤在洗手间里刮胡子。经过了一夜的疲困，隔日清晨通常会有不少人在这个狭窄的地方做一番漱洗。此时的人们多半神情漠然，而彼此也不交谈。

就在此刻，突然有一个面带微笑的男人走了进来，他愉快地向大家道早安，但是却没有人理会他的招呼，或只是在嘴巴上应付一番罢了。随后，当他准备开始刮胡子时，竟然自若地哼起歌来，看上去显得非常的快乐。他的这番举止令汤姆感到极度不悦。于是汤姆冷冷地、带着讽刺的口吻对这个男人问道："喂！你好像很得意的样子，怎么回事呢？"

"是的，你说得没错。"这个男人如此回答说："正像你所说的，我是很得意，我真的觉得很快乐。"然后，他又说道："我是把使自己觉得心情愉快这件事当成一种习惯罢了。"

这就是那个男人说话内容的全部。不过我们相信，在洗手间内所有的人，包括汤姆，都已经把"我是把使自己觉得心情愉快这件事，当成一种习惯罢了"这句深富意义的话牢牢地记在心中。

第一章 分享快乐，体验乐趣

事实上，这句话确实具有深切的哲理。不论是幸运或不幸的事，人们心中习惯性的想法往往占有决定性的影响地位。有一位名人说："穷苦人的日子都是愁苦；心中欢畅者，则常享丰筵。"这段话的意思是告诫世人设法培养愉快之心，并把它当成一种习惯，那样，生活将好像一连串的欢宴。

一般而言，习惯是生活的累积，是能够刻意造成的，因此人人都掌握有创造愉快的心情的力量。

养成心情愉快的习惯，主要是凭借思考的力量。首先，你必须拟订一份有关心情愉快的想法的清单，然后，每天不停地思考这些想法，其间若有不高兴的想法进入你的心中，你得立即停止，并将其设法摒除掉，尤其必须以快乐的想法取而代之。此外，在每天早晨下床之前，不妨先在床上舒畅地想着，然后静静地把有关快乐的一切想法在脑海中重复思考一遍，同时在脑中描绘出一幅今天可能遇到的快乐地图。久而久之，不论你面临什么事，这种想法都将对你产生积极的效用，帮助你面对任何事，甚至能够将困难与不幸转为快乐。相反的，倘若你再对自己说："事情不会进行得顺利的。"那么，你便是在制造自己的不愉快，而所有关于"不愉快"的形成因素，不论大小都将围绕着你。

有一位不幸的人，他每天总是在吃早餐时对他太太说："今天看来又是不愉快的一天。"虽然他的本意并非如此，充其量只不过是一句遁词而已，因为他的口中尽管这么如此念着，实际上在心中却也期待着会有好运来临。然而，一切情况都很糟糕。其实，会有这种情况发生并不令人奇怪，因为心中若预存不快乐的想法，那一天的心情肯定会受到潜意识的影响，所有的事情也许会办得很不顺。

因此，在一天的开始即心存美好的期盼是件相当重要的事。只有这样，许多事物才将可能有美好的发展。

养成快乐的习惯，你就可以成为情绪的主人而不是奴隶，快乐的习惯可使一个人不受外在情况的支配。遇到悲哀的情景与逆境，只要我们不在不幸事件之上再加入自怜、懊悔与不顺的情绪，那么我们纵使不会感到完全快乐，也能多少感觉到一些快乐。

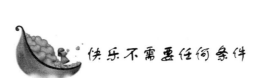

快乐不需要任何条件

　　快乐不是用钱买得到的，也不是勤劳得到的报酬。快乐只是我们思想愉悦时候的一种心理状态。不管你的相貌、出身、财富如何，只要你能保持一个健康的心态，就能得到快乐。如果你一直要等到有"值得"愉悦的思想时，很可能永远得不到快乐。快乐不是美德的报酬，它本身就是一种美德。我们不因为能抑制欲望而感到快乐，相反的，我们是因为快乐而能克服欲望。

　　很多人不敢放手去追求快乐，因为他们觉得那是"自私的"、"罪恶的"。无私确实带给我们快乐，因为它不仅让我们的心思远离了以自我为中心、犯错、罪恶与自傲，同时还能使我们完成帮助别人的善举。人类最愉悦的思想是被人需要的感觉，是助人得到快乐的想法。然而，我们如果认为快乐是道德的问题，把它当成因不自私而得到的报酬时，我们往往会因为缺乏快乐而感到罪恶。

　　任何的道德，都是源自快乐而非不快乐。有什么东西比憔悴、忧郁的心情（不管外在疾病是什么）更没有价值？有什么东西比用不快乐的态度伤害他人更甚？有什么东西比用不快乐的心情解决问题更加无助？

　　不快乐的人最普遍的原因是他们认为某个目标的实现会给他们带来永久的快乐。目前他们不是在生活，也不是在享受人生，他们是在等待未来的某些事情。他们以为他们结婚以后，他们找到好工作以后，他们买下房子以后，孩子们完成大学教育以后，某项事业成功之后，赢得胜利之后，他们将会更快乐，但事实却让他们失望了。不要指望着把所有问题都解决后就能获得快乐，一个问题解决了，另外一个问题又会接踵而至，生活原本就是由一连串的问题组成的。如果要快乐，现在必须快乐起来，不要"有条件"地快乐。

　　周一一大早，王阳跳上一部出租车，要去郊区做企业内训。因正好是高峰时段，没多久车子就卡在车阵中，此时前座的司机先生

第一章　分享快乐，体验乐趣

开始不耐烦地叹起气来。

随口和他聊了起来："最近生意好吗？"

后视镜中的脸拉了下来："有什么好？你想我们出租车生意会好吗？每天十几个小时也赚不到什么钱，真是气人！"

嗯，显然这不是个好话题，换个话题好了，王阳想。

于是王阳说："不过还好你的车很大很宽敞，即便是塞车，也让人觉得很舒服……"

司机打断了王阳的话，声音激动了起来："舒服个鬼！不信你来每天坐十几个小时看看，看你还会不会觉得舒服！"

接着他的话匣子开了，抱怨物品涨价，抱怨赚钱太难……王阳只能安静地听，一点儿插嘴的机会也没有。

下周的同一时间，王阳再一次跳上了出租车，再一次去郊区同一家企业做内训，然而这一次，却开启了迥然不同的旅程。

一上车，一张笑容可掬的脸庞转了过来，伴随的是轻快愉悦的声音："你好，请问要去哪里？"

真是难得的亲切，王阳心中有些讶异，随即告诉了他目的地。

他笑了笑："好，没问题！"然而没走两步，车子又在车阵中动弹不得了。

前座的司机先生手握方向盘，开始轻松地吹起口哨哼起歌来，显然今天心情不错。

于是王阳问："看来你今天心情很好嘛！"

他笑得露出了牙齿："我每天都是这样啊，每天心情都很好。"

"为什么呢？"王阳问，"大家不都说钱不好赚，工作时间长，生活不理想吗？"

"没错，我也有家有小孩要养，所以开车时间也跟着拉长为十几个小时。不过，日子过得还是很开心。我有个秘密……"他停顿了一下，"说出来你别生气，好吗？"

"当然好，有关快乐的秘密，任谁都感兴趣。"

他说："我总是换个角度来想事情。例如，我觉得出来开车，其实是客人付钱请我出来玩。等到了后，你去办你的事，而现在是花季，我就正好可以顺道赏赏花，抽根烟再走！"

他继续说："像前几天我载一对情侣去香山看夕阳，他们下车后，我也下来喝碗云吞，挤在他们旁边看看夕阳才走，反正来都来了嘛，更何况还有人付钱呢？"

漂亮！多精彩的一个秘密！

王阳突然意识到自己有多幸运，一大早就有这份荣幸，跟前座的情商高手同车出游，真是棒极了。

又能坐车，又开心，这样的服务有多难得，王阳决定跟这位司机先生要电话，以后再邀他一起出游。

接过他名片的同时，他的手机正好响起，有位老客人要去机场，原来喜欢他的不只王阳一位，相信这位情商高手的工作态度，不但替他赢到了心情，也必定带来许多生意。

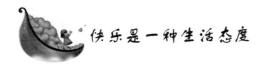

快乐是一种生活态度

早晨睁眼看到美丽的朝阳，鼻子嗅到清新的空气，感受到早晨的美好，我们是快乐的。在公司里出色完成任务，受到老板表扬，赢得同事们的尊重，我们是快乐的。下班回家，看到桌子上香甜可口的饭菜和孩子优秀的成绩单，我们是快乐的。晚饭后陪同爱人和可爱的孩子在公园中散步，享受天伦之乐，我们是快乐的。生活中令我们快乐的事很多，只要我们细心观察，用心体味，就会发现有许多乐趣包含其中。我们也许会说这些小事何以成为人人渴望的快乐。难道快乐一定是雍容华贵、惊天动地吗？中国著名作家毕淑敏的《提醒快乐》中有这样一段话可以很好地诠释快乐："快乐绝大多数是朴素的，它不会像信号弹似的，在很高的天空闪烁红色的光芒。它披着本色的外衣，亲切温暖地包裹起我们。"

快乐出现的频率并不像我们想象得那样少。人们常常只是在快乐的马车已经驶过去很远时，拣起地上的金鬃毛说，原来我见过它。快乐是时刻存在的，只要用心品味，会发现它离我们并不远。

当一个小孩得到他盼望已久的洋娃娃时，这是快乐。当一位学

7

生学习成绩十分优秀常受到人们的赞扬时，这是快乐。当一位白领工作一帆风顺时，这是快乐。当一位已婚妇女有了爱她的丈夫和听话的孩子时，这也是快乐。快乐的方式太多了，不胜枚举。

不同的人有着不同的快乐。对于那些容易满足的人来说得到快乐的时刻便多些，对于那些有大的期盼的人来说总觉得自己不够快乐或者快乐根本就没有降临到他（她）的身上。其实快乐是个很简单的东西，准确地把握瞬间来到我们身边的暖流，这些就是快乐。快乐是蜜糖，最好甜淡适中，这样才能恰到好处。只有心中认为有快乐的存在才会使自己快乐。

常听身边的人抱怨命运的不公，生活的平淡。快乐对我们来说，似乎是一种太奢侈的东西，如同海市蜃楼一般，可望而不可即。直到有一天，读到享誉全球的大教育家苏霍姆林斯基的这样一个故事：曾在一个春天，他和他的学生们共同买了一条小木船，然后划到一个荒无人烟的小岛上去探险。教育家写道："可能有人会想，作者想借这些事例来炫耀自己特别关心孩子。不对，买船是出于我想给孩子们带来快乐，对于我就是最大的快乐。"其实快乐很简单，也离我们很近。

快乐实际上就存在于我们生活的细微处。如一杯温热的茶，置于我们面前的桌上，或者平淡，或者浓烈，也或者居于二者之间。关键是品尝者的心境。一饮而尽者，肯定尝不出个中滋味。如果坐下来细品，其中的苦与甜便从我们的感觉中充分流露出来。

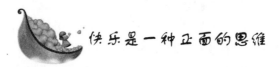

快乐是一种正面的思维

从某种意义上说，快乐是一种态度。诚然，积极的心理态度和确定的目标是走向一切成就的起点。播下一个行为，就会收获一个习惯；播下一个习惯，就会收获一种品德；播下一种品德，就会收获一种命运。用积极的心理态度，指挥你的思想，控制你的情绪，掌握你的命运。

人的心理具有神秘的力量，要敢于探索你的心理力量，学会使用适当的暗示去影响别人，学会应用正确的有意识的自我暗示。做到了这两点，你就能在生理、心理和道德上获得健康、幸福、快乐和成功。

人人都会有许多难题，那些具有积极心理态度的人能从逆境中求得极大的发展。用积极的心理态度去激励自己，人能构想和相信的东西，就能用积极的心理态度去得到它，要认识那些似是不可信的事物的可能性。在激励你自己和别人时，希望具有神奇的力量。要想说话热情，战胜胆怯和恐惧，就要说话响亮，说话迅速，强调重要词汇，使你的声音含有微笑，以免它变得粗哑，难于入耳。

失败可以是一块垫脚石，也可以是一块绊脚石，这决定于你的态度是积极的还是消极的。炽烈的愿望可以产生行动的动力，这是伟大的成就所必需的前提。你分给别人共享的东西会有所增加，你保住不给别人的东西会减少下去。实现崇高的理想需要勇气和牺牲，因为你可能要孤身对付别人的讪笑和无知。有一件事比谋生更重要，那就是追求崇高的理想。

如果你把苦难和不幸分摊给别人，更多的苦难和不幸就会来到你的身边。要得到快乐，首先就要使别人快乐。

有时，快乐又是一种观念。有这样一个故事：

一个乞丐来到一个庭院，向女主人乞讨。可是女主人毫不客气地指着门前一堆砖说："你帮我把这砖搬到屋后去吧。"

乞丐生气地说："我只有一只手，你还忍心叫我搬砖，不愿给就不给，何必捉弄人呢？"女主人并不生气，她故意用一只手搬了一趟，说："你看，并不是非要两只手才能干活。我能干，你为什么不能干呢？"乞丐怔住了，终于他俯下身子，用他那唯一的一只手搬起砖来，一次只能搬两块，他整整搬了四个小时，才把砖搬完，累得气喘如牛。妇人递给乞丐二十元钱，乞丐接过钱，感激地说了声："谢谢你。"妇人说："你不用谢我，这是你自己凭力气挣的工钱啊！"乞丐说："我不会忘记你的。"说完深深地鞠了一躬，就上路了。

过了很多天，又有一个乞丐来这里乞讨，那妇人又让他把以前搬到屋后的砖搬到屋前去，可乞丐不屑地走开了。妇人的孩子不解地问母亲："上次你让那乞丐把砖从屋前搬到屋后,为何这次你又让这人搬到屋前呢?"母亲对他说:"砖放在屋前屋后都一样,可搬与不搬对他们却不一样。"

若干年后,一个很体面的人来到这个庭院,这个人是一只手。他俯下身,对坐在院中的已有些老态的女主人说:"如果没有你,我还是个乞丐,可现在我成了公司的董事长。"老妇人只是淡淡地对他说:"这是你自己干出来的。"

在这个故事里,老妇人其实就是"生活"的化身,她会把一个只有一只手的乞丐教成一位董事长,同样也会让一个四肢健全的乞丐永远是乞丐。她在告诉人们自己是自己最好的帮手的同时,也在告诉人们,工作是一种幸福,勤奋比什么都快乐。如果将工作视为义务,人生就成了地狱,如果将工作视为乐趣,人生就成了乐园。

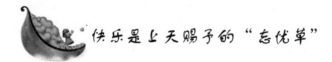

快乐是上天赐予的"忘忧草"

上天赐给我们很多宝贵的礼物,其中就有"忘忧草"。通常我们过度强调"记忆"的好处,往往忽略了遗忘的功能。生活中,许多事情需要你记忆,同样很多事情也需要你忘记。

生活是个万花筒,有时不免长出一棵忧郁、烦恼的花,破坏你的好心情,使你的生活黯然失色。此时,你不妨学着在心中种一棵"忘忧草",让它帮你遮挡忧郁,给你的心灵带来芳香与快乐。"忘忧草"可以是一本秘密日记,可以是一次倾情诉说,可以是一曲高山流水,也可以是一次翩翩起舞……

当心情不好时,可以打开日记,把所有的忧郁、烦恼和不快都融入笔端,写入日记,这样一方面可以宣泄心中的不快,另一方面可以理清心绪,平静心情,有时还能"顿悟"和释然。你可以在日记中倾诉生活的烦恼,可以"痛骂"给你带来不快的领导,可以"诉说"失恋给你带来的伤痛。总之,一切的不快乐都可以在日记中宣泄,而宣泄过后,肯定会有如释重负的感觉。

如果说写日记是向自己倾诉，那么写信或谈话便是向知音、朋友、师长等信任的人倾诉，可以从他们那里得到同情、理解和帮助。只要勇于打开心扉，朋友便会尽力帮你减轻心理负担的压力，为你分担坏心情。

此外，在忧郁、烦闷时，你也可以痛哭一场，大吼几声，放声高唱或打球、跑步、洗澡。借此来忘掉忧愁，但任何宣泄方法都不可过分，更不能伤害别人或自残，应当适时、适度地宣泄。

心情不好时，可以听一段轻松愉快的音乐，让舒缓的旋律来抚慰那纷乱的心绪，让自己陶醉在音乐中，心绪自然会随着高山流水而欢呼雀跃；可以外出漫步散心，让优美的景色、新鲜的空气冲淡内心的不快与烦躁。这种转移情景法有利于帮你从坏心情中超脱，让你时时沉浸在快乐中。

你也可以暂时放下手头的活，离开令你伤心、烦恼的地方，去做一些感兴趣的事来转移你的注意力，忘掉烦恼和不快；也可以参加一些集体活动，在欢乐的气氛中摆脱痛苦的阴影。

生活中如果我们能以乐观的态度去对待一切，好心情就会常伴我们。生活中有人什么都不缺，就是不快乐，而有的人什么都不如别人，但他却整天乐呵呵的。他们的差别不在于拥有多少，而在于内心知足于否。

一个身材矮小的学生，总感到自己身体条件不如别人，自卑的很。有一天他参观了聋哑学校后，觉得比起那些残疾人来，自己多么的幸运，于是他不再为自己的身材而烦恼，从此他努力培养自己的特长，力图在成绩和能力上超过别人。当一个人心情忧郁时，往往感到自己命运不好，不如别人，其实谁都有痛苦的时候，你也有让人羡慕的地方，只不过可能自己还没有发现而已。只要知足常乐、学会遗忘、懂得放弃，你就会成为一棵"忘忧草"，就能经常拥有好心情。

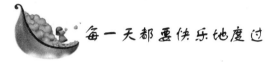 **每一天都要快乐地度过**

有首古诗写道："但愿此心春长在，须知世上苦人多。"现实中真的是有许多人感到自己活得很辛苦，生活中没有一点乐趣。正因为世人心中无"春"，所以才无快乐可言。其实人生是快乐的，只不过快乐深藏于心，不容易为人所发现而已。

荣启期在泰山，优哉游哉，鼓琴而歌，孔子路过，就问他为何这等快乐？

荣启期回答道："天生万物，惟人为贵，我得为人，何不乐也？"

正如荣启期所说，生而为人即是一种快乐，快乐是人生的主题。只要我们用心去体会，以饱满的热情去对生活，就能快乐度过每一天。

许多人抱怨生活太清苦，许多人到外界去寻求快乐，而对身边的美景熟视无睹，其实只要用心生活，身边就有感动你的美景。

在春天，特别是早春，从春来发几枝的柳树上，从重新披上绿装的大地上，从水光激滟的湖面上，从鸟雀叽咋的瓦房屋顶，从万物萌发的郊外，从身边女人和孩子们的身上，你随处都能感受到风景的存在，让心灵享受美的熏陶。只要用心，你也能体会到"夹岸桃花三两枝，春江水暖鸭先知。蒌蒿满地芦芽短，正是河豚欲上时"的美景。

在夏天，你可以去体会万物在骄阳下傲然挺立的飒爽英姿。如果是晴空万里，你可以去河边体会"水光激滟晴方好"的诗意；如果是雨天，你则可以去感受"山是空蒙雨亦奇"的意境。

秋天是一个收获的季节，更是好景连连，正如古人所说："一年好景君需记，最是橙黄橘绿时。"看着院里挂满果实的梨树，你能不开心？闻着空气中弥漫着的果实的芳香，你能不开心？就是看看满街的落叶，也会带给你无穷的遐想，你也没有不开心的理由。

冬天总是给人一种肃杀寂静的感觉，似乎给人一种压抑的感觉，

学会让别人快乐

12

其实不然，冬天也有冬天的美丽。比如看雪时体会陈毅元帅诗中那种"大雪压青松，青松挺且直"的诗意，不也是很美，很让人振奋吗？即使去看那光秃秃的树，在凛冽的西风的肃杀中沉着坚持的样子，也让人感受到力量和希望。享受着这一切，你能说冬天不美吗？

只要你愿意，只要你有心，你随时都可以感到愉快，你可以在阵雨中歌唱，使音乐充满你的心灵，你可以在烈日中独行，让阳光洒满你的心灵，你可以在风中散步，让风儿吹散你心中的不快，你可以……总之，只要你愿意，快乐随时都会陪伴着你。

人生是愉快的，世界上之所以有那么人感觉不到愉快，不过是因为他们自己的愚昧和怯懦，不过是他们没有用心去对待生活，你要相信，只要尽你所能，用心去体会去表现，你可以快乐度过每一天。

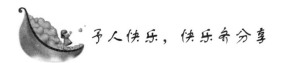

予人快乐，快乐希分享

给予是快乐的源泉，为别人带来快乐的同时，我们自己也会处于快乐的包围之中。快乐是可以分享的，你给别人带来了快乐，你分享给别人的东西越多，你获得的东西就会越多。你把幸福分给别人，你的幸福就会更多。但是，如果你把痛苦和不幸分给别人，那你得到的也只能是痛苦和不幸。生活中你如果整天以一张愁眉苦脸待人，那别人也会以同样的面孔对你，你看到了更多的愁容；相反，如果你以笑脸相迎，你会看到更多的笑脸，你的快乐心情也就加倍了。

俄国诗人涅克拉索夫的长诗《在俄罗斯，谁能幸福和快乐》中写道："诗人找遍俄国，最终找到的快乐人物竟然是枕锄瞌睡的农夫。"是的，这位农夫有强壮的身体，能吃能喝能睡，从他打瞌睡的眉目里和他打呼噜的声音中，便流露出由衷的开心。这位农夫为什么能开心？不外乎两个原因，一是知足常乐，二是劳动能给人带来快乐和开心。正是因为农夫付出了能让别人快乐的劳动，所以他才

13

能成为最快乐的人。付出最多的人，往往获得也最多。

有位花匠，他家院子里的一株葡萄藤今年结了不少葡萄，花匠很高兴，便摘了一些送给一位商人。商人一边吃一边说："好吃，好吃！多少钱一斤？"花匠说不要钱，但商人不愿意，坚持把钱付给了他。

花匠又把葡萄送给一个当干部的，他接过葡萄后沉吟了良久，问："你有什么事要我帮忙吗？"花匠再三表示没有什么事，只是想让他尝尝而已，但那位当干部的满脸疑惑地拒绝了。

花匠又把葡萄送给一位少妇，她有点意外，而她的丈夫则在一旁一脸的警惕。看样子，他极不欢迎花匠的到来。

花匠又把葡萄给了一个过路的老人，老人吃了一颗后，摸了摸白胡子，说了声"不错"，就头也不回地走了。

那花匠很高兴，他终于找到了一个真正能和他一起分享快乐心情的人。

这个世界上，也许人与人之间的快乐分享在彼此忙碌的身影中渐渐稀疏起来了，但彼此渴望得到对方关爱和呵护的感动依然存在着。只要我们彼此把心灵深处呵护的触角伸长一毫米，也许你的生命里就会多一束阳光，这个世界的生命里也会多一个微笑。

第二章　宽容待人，快乐生活

　　宽容别人带来的愉快本身是至高无上的。它使我们认识到自己值得受到宽容，也使我们认识到没有宽容心的人是有缺陷的、危险的。

待人宽容，才能顺利成功

古人云："忍一时风平浪静"、"宰相肚里能撑船"。做人宽容，是从古到今，从哲学到人民到领袖的共同主张。

那么，怎样才能做到待人宽容呢？

第一，要把人看高，懂得尊重人。

古代有一个京官，他乡下的家人因建房的围墙问题与邻居打官司，被地方官判其败诉。家人便写信让他出面向地方官施压，但他给家人寄回了一首这样的诗："千里修书只为墙，让他三尺又何妨？长城万里今犹在，不见当年秦始皇。"我们待人接物也应拿出"让他三尺又何妨"的气度来。我们要站在与人平等甚至较低的位置，去把别人看高，从而去尊重别人，进而认同别人。如果自己高高在上，俯视他人，只会产生蔑视、鄙夷心理，始终把人排斥在外。

第二，要把人看深，懂得欣赏人。

也就是说，看人不要只看表面，要看到别人的内涵和长处，从而去欣赏别人，否则，只会对别人横挑鼻子竖挑眼，待人宽容又何从谈起？古诗云："梅虽逊雪三分白，雪却输梅一段香。"人也如此，各有所长，各有所短，"垃圾只是放错了地方的宝贝"。在一定条件下，一个人的优点和缺点可以互相转化。因此，我们看人就要看到别人的成绩，学习别人的长处，欣赏别人的优点。同时还要看到自己的不足，做到见贤思齐；包容别人的不足，做到善用人长。唯如此，宽容才会出自本心。

第三，要把人看好，懂得接纳人。

金无足赤，人无完人，关键是我们从什么角度去看一个人。从不同角度去看同一事物，往往会得到截然相反的结论。有个故事，说一个老太婆有两个儿子，一个是卖雨鞋的，另一个是卖太阳伞的，下雨的时候，老太婆担心卖太阳伞的没生意，天晴的时候又担心卖雨鞋的没生意。有人劝她说，下雨的时候你要想着卖雨鞋的非常好生意，天晴时要想着卖太阳伞的非常好生意。这就是角度问题，我们看待别人，应看其主流，找出其好的一面，去接纳别人，而不是放大别人的缺点，拒人千里之外。仇官心理、仇富心理，都是把不同阶层的人当成敌人来看待，要斗争到底，这是要不得的。

做人宽容，就要虚怀若谷，能容人容事。过分强调与天斗、与地斗、与人斗，不利于成功。人定胜天是假，大自然报复人是真。长期与人斗导致人际关系紧张，不利于团结。待人宽容，才能顺利通往成功的彼岸。

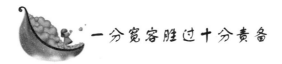

一分宽容胜过十分责备

我开始更多地注意生活中的一些细节，比如，把愤怒的姿势换成握手，让一句厉声的呵斥变得温和，给仇怨一个宽容的眼神等等。我不想从这些细节中得到什么回报，但我知道这些细节一定会碰上一颗善于感知的心灵。实际上，这已经足够了，就像阳光照耀大地万物的时候，它并不会在意一朵花是否会散发出幽香和芬芳一样。

宽容是人际交往中最重要的理念之一，如果别人能原谅错误，那你也能。除非宽容别人，否则我们无法体会到爱。宽容别人带来的愉快本身是至高无上的，它使我们认识到自己值得受到宽容，也使我们认识到没有宽容心的人是有缺陷的、危险的。

宽容可以通过语言等显性因素来表达，也可通过细节等隐性因素来表达，有时候这些细节或许连自己都未意识，却被善于感知的心灵接纳了。宛如获得了最温暖的心灵触摸，这些纤弱的心也蓬蓬勃勃生长。

我读到过一位中学老师写的一篇文章。有一天晚上，是这位老师值班，照例他要到操场上去转转，操场在教学楼的后边，周边是零星的几盏路灯，有极淡的一点光晕射出来。他带着手电出来，开始沿着跑道往里走，学生们大都回宿舍睡觉去了，到操场转转的目的无非是怕有的学生还没有回去，毕竟在这样一个春末的晚上，清新的空气以及舒爽宜人的温度是让人留恋和眷顾的。如果还有别的目的的话，那就是看看还有没有男女生在操场上——提防有早恋倾向的学生。

果然，再往夜色更深处走，这位老师看到了两个人的背影，那该是一个男生和一个女生。他踌躇了一下，快走几步，赶上了他们。假装着欣赏夜色，他说："今晚的月亮真美，风也很轻柔……你们说是不是？对了，明天6点起床，你们不怕明天起不来吗？"他俩嗫嚅着，说不出话来。听他们的气息，显然被吓坏了，声音中透着紧张和惶恐。面对他们站着，但暗淡的光还是不能辨清他们的面目。

这位老师问了他俩的班级和姓名，便让他们回去了。虽然感觉他们是在早恋，也想跟他们班主任谈谈，但后来无意中便把这事忘了。

之后，过了好几年，一封来自珠海某公司的信飞至这位老师的案头。原来，信是那个女生寄来的。信里边谈及的内容也是关于那个晚上的。她说："李老师，那个晚上，被您撞见后，我很害怕，其实我们在一起走的时候一直担心着一件事情，就是手电筒，我怕突然有一束光毫不留情地照在我俩的脸上，如果这样的话，我们一定会无地自容，以后也不会有好的心态去学习。但是您并没有拧亮你的手电筒，虽然你也有这么一把。这些年，我一直忘不了这件事情，今天给您写去这封信，我要郑重地对您说声：'谢谢您'。"

这个老师最后写道："我在那个晚上，心底里并没有感觉到亮不亮手电会对那件事产生多大的意义。然而，就是这样的一个细节，对于一个孩子，对于一个犯了错误的孩子，是多么大的尊重。这件事情之后，我开始更多地注意生活中的一些细节了，比如，把愤怒的姿势换成握手，让一句厉声的呵斥变得温和，轻拍对方的肩膀，给仇怨一个宽容的眼神，用心倾听卑微的人的话语，等等。我不想从这些细节中得到什么回报，但我知道，这些细节一定会碰上一颗善于感知的心灵。实际上，这已经足够了，就像阳光照耀大地万物的时候，它并不会在意一朵花是否会散发出幽香和芬芳一样。或许，它所在意的是，光线的每一个细微的部分是不是给了花瓣最温暖的触摸。"

学会让别人快乐

正是无意中的一次宽容，无意中的一个细节，却产生了意料不到的效果。给了学生一个坦荡的胸怀，一个光明的前途。就是这样，一分宽容胜过十分责备，宽容别人会给人带来一种感觉——你是一个宽容大度的人。

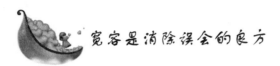

宽容是消除误会的良方

"海纳百川，有容乃大。"做人应该有海一样的胸怀，海一样的气度，才可以获得生活之快乐，成就千古之伟业！

遇到风浪时，大海里的鱼不会惊慌失措，小河里的鱼则会四处逃窜。人和鱼也一样，见过大风浪的人自然具有一种海洋般豁达的气度，遇到事情轻易不会斤斤计较，挥一挥手让事情过去，继续专注自己的事业和人生。而阅历不足、见识不深的人，就会纤毫必争，睚眦必报，陷入没完没了的烦恼中，哪里还有精力去做大事呢？

生活像一座山峰，宽容是小径，循径而上，会知山的高大和巍峨；生活像一片汪洋，宽容是扁舟，泛舟于汪洋之上，才能知海的宽阔。穿梭于茫茫人海中，面对一个小小的过失，一个淡淡的微笑，一句轻轻的歉语，带来包涵谅解，这是宽容。在人的一生中，常常因一件小事、一句不注意的话，使人不理解不信任，但不要苛求任何人，以律人之心律己，以恕己之心恕人，这也是宽容。宽容不仅体现一个人的气度，还显示出他的修养、品德、内涵，以及心态。

宽容能让人看透生死，看淡得失，看轻荣辱，超越世俗人情，隔阂、矛盾、摩擦尽可以化解。它能使人的精神成熟，心灵丰盈。一个人的胸怀能容得下多少人，就能赢得多少人的宽容；能容得下多大的事，就能做出多大的成就；为社会做出多大贡献，就会获得多高的荣誉。

个人的生存和发展需要他人和自我的宽容。

早年在美国阿拉斯加某个地方，有一对年轻人结婚了，但婚后生育时太太因难产而死，遗下一个孩子。小伙子忙生活，又忙于事业；因没有人帮忙看孩子，他就训练了一只狗，那狗聪明听话，能咬着奶瓶喂奶给孩子喝。

有一天，主人出门去了，叫狗照顾孩子。

他到了别的乡村，因遇大雪当日不能回来。第二天才赶回家，狗立即闻声出来迎接主人。他把房门打开一看，到处是血，抬头一望床上也是血，孩子不见了，狗满口也是血。主人以为狗把孩子吃掉了，大怒之下，拿起刀来向着狗头一劈，把狗杀死了。

之后，他忽然听到孩子的声音，又见孩子从床下爬了出来，于是抱起孩子，虽然孩子身上有血，但并未受伤。

他很奇怪，不知究竟是怎么回事，再看看狗，腿上的肉没有了，旁边有一只死狼，口里还咬着狗的肉。狗救了小主人，却被主人误杀了，这真是天下最令人惊奇的误会。

误会的事，往往是人在不了解真相、无理智、无耐心、缺少思考、未能体谅对方、反省自己的情况之下发生。其实，我们有一剂消除误会的良方，那就是宽容。试想，倘若我们具备了宽容的能力和习惯，时时处处先替对方考虑一下，致命的误会将是可以避免的。

如果你想做一个能位于一人之下，万人之上的人，必需具备一个必然的基础，那就是有一颗和常人不一样的宽容之心。

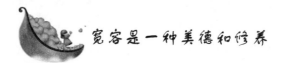

宽容是一种美德和修养

宽容是一种美德，能够宽容他人的人，可以和各种人相处，同时也可以反映出自身的人格修养和广阔胸襟。

生活在这样一个复杂的社会中，我们更需要宽容，因为只有宽容才会发现别人的长处，才能够更好地与人合作。

世界上有许多的悲剧，许多的恐怖，都是因为人与人之间的不能容忍所造成的。然而，忍让和宽容说起来容易，做起来却是非常不容易的。当我们受到无辜的伤害时，总是会有一颗报复心的。但是，报复却并不能给我们带来快乐，这一点从印度大文学家泰戈尔

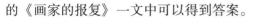

的《画家的报复》一文中可以得到答案。

一位画家在集市上卖画，不远处，前呼后拥地走来了一位大臣的孩子。这位大臣在年轻的时候曾经把画家的父亲欺诈得心碎而死。这孩子在画家的作品前流连忘返，并且选中了一幅，画家却匆匆地用一块布把它遮盖住，并声称这幅画不卖。

从此以后，这孩子因为心病而变得憔悴，最后，他父亲出面了，表示愿意付出一笔高价。可是，画家宁愿把这幅画挂在自己画室的墙上，也不愿意出售。他阴沉着脸坐在画前，自言自语地说："这就是我的报复。"

每天早晨，画家都要画一幅他信奉的神像。这是他表示信仰的唯一方式。可是渐渐地，他觉得这些神像与他以前画的神像日渐相异。

这使他苦恼不已，他不停地找原因。然而有一天。他惊恐地丢下手中的画，跳了起来。他发现他刚画好的神像的眼睛，竟然是那大臣的眼睛，而嘴唇也是那么的酷似！

他把画撕碎，并且高喊着："我的报复已经回报到我的头上来了！"

这个故事告诉我们，一个人若是存心报复，自己所受的伤害会比对方更大。一个心中充满怨恨的人是永远都无法快乐的。"相由心生"，如果一个人不消除心中的怨和恨，全世界任何美容院都无法美化他的容貌。

其实，在日常生活中，人与人之间的矛盾没有大到"不共戴天"的地步，只是一些细枝末节的不同罢了。我们每一个人都既是魔鬼又是天使，优点与缺点共存，美丽与丑陋俱在。与人相处时，要尽量看好的方面，至于一些不同之处，一些不必要的摩擦，忍一忍也就过去了。

古时候有个叫陈嚣的人，与一个叫纪伯的人做邻居。有一天夜里，纪伯偷偷地把陈嚣家的篱笆拔起来，往后挪了挪。这事被陈嚣发现后，并没有大吵大闹，而是等纪伯走后，又把篱笆往后挪了一丈。天亮后，纪伯发现自家的地又宽出了许多，知道是陈嚣在让着他。他心中很是惭愧，主动找上陈家，把多侵占的地统统地还给了

第二章　宽容待人，快乐生活

21

陈家。

宽容是一种美德和修养，它犹如生活中的阳光，能消除矛盾的阴暗面。

宽厚做人需要一颗博大的心

中国有句经典的老话，叫做"大人不记小人过"，这里的"大人"可以说是厚道博爱之人，而"不记小人过"则可说是厚道人"大肚能容"，摒弃前嫌。"大人不记小人过"是指包容对方，不对其进行仇恨的报复，而是对其报以微笑。此做法的意义是，可在气度上战胜对方，让他感觉到自己是个斤斤计较的小人，这样他在心理上便失去了招架之功，同时也可使其意识到自己所犯的过错，有时我们的大度甚至会帮助别人改过自新，他们就会向我们报恩。

宋朝郭进做山西巡检时，有个官吏因为与他有点小过节，一直对他怀恨在心，一次终于有机会到朝廷控告他，宋太祖召见了这个官吏，经过一番询问后，结果发现他由于仇恨在诬告郭进，于是宋太祖命人把他押回山西，任郭进处置。当时大多数人都建议郭进杀了这个人，但郭进没有那样做。因为郭进知道这是个人才，如果杀了他，就是国家的损失。当时正值兆汉国入侵，郭进就对这个官吏说："你敢到皇帝面前诬告我，证明你确实有些胆量。现在我既往不咎，赦免你的罪过，但你要戴罪立功，如果你能打退入侵的敌人，我将向朝廷保举你。如果你打败了，就自己去投河。"这个官吏感谢郭进的不杀之恩，在战斗中奋不顾身，英勇杀敌，后来打了胜仗，郭进不记前仇，向朝廷推荐了他，使他得以提升，做了一员武将。

厚道之人都有宽大的胸襟，不计前嫌，能够容忍别人犯下的罪过，这样一来，自己的仇人反而心存感激，以至良心发现，找机会来报答自己。那些专门指责别人的过错，找机会对其报复的人，反而会激发仇人更大的愤怒，以至回过头来继续与他争斗，最终双方都不会有好下场。因此成功的人都有一颗宽大博爱的心，他们以宽

学会让别人快乐

青少年心理品质丛书

22

广的心胸战胜一切与自己较量的人。

香港商业巨人李嘉诚所创建的公司均以"长江"作为字号。起初涉足塑胶业，他把塑胶厂取名为"长江塑胶厂"，后来又转为房地产业，将其公司命名为"长江地产有限公司"。后来规模扩大，改名为"长江实业"。

李嘉诚为何对"长江"二字如此青睐？他说："长江，容纳百川，不择细流。"是的，在商场上，对自己构成危害的人与事实在太多了，如果一一追究，恐怕就不会有精力去打理自己的生意了。只有用一颗宽厚博爱之心对待别人，做到良性竞争，才能不断壮大自己，最终获得成功。

廉颇和蔺相如的故事大家都很熟悉。面对廉颇的无礼，蔺相如表现出极其难得的气度，用自己宽厚博爱的心对待廉颇，最后他的宽容使廉颇深感惭愧，廉颇"负荆请罪"，并与蔺相如携手共同为国家的富强立下了汗马功劳。

宽容避免了正面冲突和交锋，从而减少了不必要的矛盾；宽容能化解人们之间的怨恨与隔阂，使大家团结一致，共同奋斗。宽容是人特有的一种涵养，具有宽容美德的人才能获得别人的尊重与敬仰。

丹尼·胡佛曾是美国西北航空公司的一级飞行员。他的飞行技术十分高超，飞行经验十分丰富，在他的飞行生涯中未出现一次事故，他由此赢得了同行的敬佩。但让他在同事中树立较高威信的另一个重要原因是他有宽容的美德。

有一次，他驾驶飞机从圣地亚哥飞到西雅图，途中飞机的发动机突然起火，飞机随即下坠，情况十分紧急。胡佛凭着超人的应变能力和丰富的经验，使飞机安全降落，机上成员安然无恙，但是飞机被烧成了一堆废铁。

经过调查，胡佛发现问题出在加错了油上。本来应该加螺旋桨飞机专用的油，而机械师加了喷气式客机所用的燃料。这一小小的失误不仅造成极大的损失，也让胡佛等人差点儿送了命。

胡佛马上命人找到加油的机械师，机械师也因失事感到万分难过。大家以为胡佛会大发雷霆，责骂他工作不负责任，差点害自己

23

与其他人丧命，一定会恨他毁了自己心爱的螺旋桨飞机，甚至会解雇他。出人意料的是，胡佛拍拍年轻机械师的肩，反而安慰说："年轻人，别难过了，只要知错能改就行了。你看我的那架飞机还等着你去加油呢。"

胡佛非但没有责怪机械师，反而安慰他，这需要多大的气量！

宽容可以超越一切，因为宽容包含着人的心灵，因为宽容需要一颗博大的心。而缺乏宽容，将使个性从伟大堕落为比平凡还不如。

这是一个让人灵魂震撼的故事。第二次世界大战期间，一支部队在森林中与敌军相遇，经过一场激战，有两名来自同一个小镇的战士与部队失去了联系。他们俩相互鼓励，相互宽慰，在森林里艰难跋涉。十多天过去了，仍然没有与部队联系上，他们靠身上仅有的一点鹿肉维持生存。又经过一场激战，他们巧妙地避开了敌人。刚刚脱险，走在后面的战士竟然向走在前面的战士安德森开了枪。

子弹打在安德森的肩膀上。开枪的战士害怕得语无伦次，他抱着安德森泪流满面，嘴里一直念叨着自己母亲的名字。安德森碰到开枪的战友发热的枪管，怎么也不明白自己的战友会向自己开枪。但当天晚上，安德森就宽容了他的战友。

后来他们都被部队救了出来。此后30年，安德森假装不知道此事，也从不提及。安德森后来在回忆起这件事时说："战争太残酷了，我知道向我开枪的就是我的战友，知道他是想独吞我身上的鹿肉，知道他想为了他的母亲而活下来。直到我陪他去祭奠他母亲的那天，他跪下来求我原谅，我没有让他说下去，而且从心里真正宽容了他，我们又做了几十年的好朋友。"

拥有一颗宽厚博爱之心，抛开仇恨这个困扰，就能拥有别人对自己的信赖与敬仰。有时候当别人当众顶撞了我们，或故意侮辱了我们，充满仇恨地进行报复只能使我们得到一时的快意，但却不能有好的后果。我们用什么样的态度对待别人，别人就会用同样的态度对待我们。所谓，冤家宜解不宜结。所以我们必须做到心胸开阔如海洋，试着和与自己有过嫌隙的人从容地打一打交道，体谅和理解别人的难处，这样我们就会建立很好的人际关系。

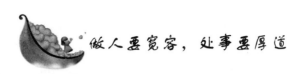
做人要宽容，处事要厚道

　　"厚道"顾名思义就是心胸宽广，能够化恩怨干戈为真情玉帛，是心地善良，化复杂的人生为简单的处世。对别人多一些宽容，就是心存善良；宁愿人负我，不愿我不负人，化敌为友，就是心存美好；将心比心，以心换心，以情还情，也是以德报怨，以善报恶。换而言之，就是"以责人之心责己，以恕己之心恕人"。世上千人千面，各有各的活法，但厚道做人是处世的基础和前提。

　　厚道之人，即是通达大度、重义守信之人，有时也会给人以大智若愚之感。厚道之人经常他人给我一横眉，我还他人一笑脸；他人给我一暗箭，我坦然回以报之；他人给我一句坏话，我以善意驳斥；人给我一个陷阱，我以智慧超越。一些人常为了一些非原则性的，以及鸡毛蒜皮的小事争得面红耳赤，忙个不亦乐乎，谁都不肯甘拜下风，以至大打出手。其实，事后静下心来想一想，当时若是能够熄灭心中的无名怒火，自是忍一时风平浪静，退一步海阔天空。

　　《寒山拾得问对》的故事中曾有这样一段对答：昔日寒山问拾得曰：世间谤我、欺我、辱我、笑我、轻我、贱我、恶我、骗我，如何处治乎？拾得云：只是忍他、让他、由他、避他、耐他、敬他、不要理他、再待几年你且看他。这精妙的一问一答，其中蕴含着中国千年历史文明的精华，也真实的反映出"厚德载物"的真正内涵。

　　《菜根谭》中指出："径路窄处，留一步与人行；滋味浓的，减三分让人尝。"可谓是涉世一极乐法，乃做人之厚道也！

　　处事宽松，有利于人际情感的沟通，避免心机重重，防不胜防；处事宽松，有利于工作方法的变通，避免一条胡同走到黑；处事宽松，有利于办事渠道的畅通，避免中途塞车。

　　那么，要怎样才能做到处事宽松呢？

　　第一，要少高调，保持低调。

　　高调了，会曲高和寡，支撑力差。虽然高调会自我感觉良好，

第二章　宽容待人，快乐生活

25

可获得一时的称赞，但是结局往往是堵了自己的去路，失去他人的支撑。当前一些人，干事之前大肆宣传一番，讲大道理，谈大意义，有的甚至夸夸其谈，不切实际，到真正做起来时便力有不逮，他人也无所适从，又谈何支撑？

低调了，可克制平稳，回旋度大。中国古代贤哲，无不以低调为立身的根本、处世的金箴。诸葛亮身怀济世之才，却"伏处于一方"，"不求闻达于诸侯"，最终等到机会，干了一番事业。低调，不会把自己逼进死胡同，会留给自己很大的回旋空间。

第二，要少浮躁，注意平和。

浮躁可以说是当今的一种普遍现象，其根源是多方面的，如生活节奏的加快，工作压力的加大，各种信息的轰炸等等。其实不是现在，浮躁心理早已有之。

早在 1955 年 3 月，毛泽东同志在《中国共产党全国代表会议上的讲话》中就指出："戒骄戒躁，永远保持谦虚进取的精神。"可见，浮躁是我们工作的大敌，尤其是在今天，更要戒躁。要戒躁，就要以平常心看待事物，做到多听正道，少听谗言；多些理解，少些猜疑；多琢磨事，少琢磨人。只有这样，才能处事宽松，才能成功。

第三，要少计较，顾全大局。

俗话说：退一步海阔天空。意思是我们在生活、工作中要少计较，那么，人与人的关系就宽松多了。毛泽东同志讲过，凡是有人的地方就有左中右。这个不奇怪，但只要大家不逞强争霸，不独断专行，不独来独往，不争功诿过，而是相互尊重，相互谅解，相互补台，我们的天地就会变得非常宽广。

俗话说得好："吃亏就是便宜。"这句话富含了深刻的哲理，人是有感情的，在处世中时常吃些"亏"，其实是一种谦让和宽厚，会得到别人的喜爱，可拉近人与人的关系，自然就会处为朋友。

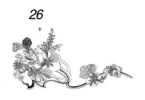

为人要宽厚，处处有朋友

所谓"君子坦荡荡，小人常戚戚"，意思是君子心胸开阔，思想坦率纯洁，行为舒坦安定，用一个词来形容，就是"宽厚"，这是做人的态度问题。俗话说得好："吃亏就是便宜。"这句话富含了深刻的哲理，人是有感情的，在处世中时常吃些"亏"，其实是一种谦让和宽厚，会得到别人的喜爱，可拉近人与人的关系，自然就会处处朋友。

夏原吉，湖南湘阴人，是永乐、洪熙、宣德三朝的户部尚书。有一次他巡视苏州，婉谢了地方官的招待，只在旅社中进食。厨师做菜太咸，使他无法入口，他仅吃些白饭充饥，并不说出原因，以免厨师受责。

随后巡视淮阴，在野外休息的时候，不料马突然跑了，随从追去了好久，都不见回来。夏原吉不免有点操心，适逢有人路过，便向前问道："请问你看见前面有人在追马吗？"话刚说完，没想到那人却怒目对他答道："谁管你追马追牛？走开！我还要赶路。我看你真像一条笨牛！"这时随从正好追马回来，一听这话，立刻抓住那人，厉声喝斥，要他跪着向尚书赔礼。可是夏原吉阻止道："算了吧！他也许是赶路辛苦了，所以才急不择言。"笑着把他放走。

有一天，一个老仆人弄脏了皇帝赐给夏原吉的金缕衣，吓得准备逃跑。夏原吉知道了，便对他说："衣服弄脏了，可以清洗，怕什么？"

又有一次，侍婢不小心打破了夏原吉心爱的砚台，躲着不敢见他，他便派人安慰侍婢说："任何东西都有损坏的时候，我并不在意这件事呀！"因此他家中不论上下，都很和睦的相处在一起。

当夏原吉告老还乡的时候，寄居途中旅馆，一只袜子湿了，命伙计去烘干。伙计不慎，袜子被火烧去，伙计却不敢报告，过了好久，才托人去请罪。他笑着说："怎么不早告诉我呢？"就把剩下的

一只袜子也丢了。

夏原吉回到家乡后，每天和农人、樵夫一起谈天说笑，显得非常亲切，不知道的人，谁也看不出他是曾经做过尚书的人。

那么，怎样才能做到为人宽厚呢？

第一，为人宽厚须自重。

要赢得别人的尊重，首先自己要自重、自尊、自律，还要不断完善自我，纯洁自我，提高自我。要做到这样，一是要防微，千里之堤，溃于蚁穴，把不良的思想、观念、行为消灭在苗头之时尤为重要。因此，对自己要高标准、严要求，勇于纠正自己的错误；要敢于批判自己，自以为非，即鲁迅所说的"解剖自己"；要时刻监督自己的行为，勿以善小而不为，勿以恶小而为之。二是要慎独，古人能做到"日三省乎己"，我们也应做到经常反省、约束自己，而约束的准绳，不仅要有道德标准，更要有党纪国法、政策法规，把自己塑造成一个气正心宽的人，做到不取非分之物，不贪非分之财，不作非分之想。和这样的人做朋友，会觉得受益。

第二，为人宽厚须憨厚。

憨厚与老实是分不开的，憨厚老实的人，不会拘于小节，不会小肚鸡肠，不会处心积虑，所以，老实人很多时候容易"吃亏"，但吃亏也是便宜，也会得益，既然是得益，我们又何妨做个憨厚点、粗放点、幽默点的老实人呢！"憨厚点"，就是对一些小事不要过于较真，大事清醒，小事糊涂，以免劳神、伤身；"粗放点"，就是行也安然，坐也安然，名也不贪，利也不贪，与世无争，与人为善，顺也乐观，逆也乐观；"幽默点"，就是学会风趣幽默，不要总板着面孔或闷闷不乐，要使心境坦荡，情绪平和。人之初，性本善，长大以后很多人会向另一个方向发展，但如果能够主观上培养憨厚，其实是个返璞归真的过程。和这样的人做朋友，会觉得亲切。

第三，为人宽厚须忠直。

忠直是什么？就是做人忠诚坦荡，积极正直。从古到今，名留青史的，都是忠直之人，那些奸佞之徒，不是被历史湮没，就是落得千古骂名。上观古代，文天祥、岳飞为什么可以名垂青史？就是因为他们有一身正气，对待奸恶敢于"怒发冲冠"；下观现代，令我们肃然起敬的，不正是那些对党无限忠诚，对人民鞠躬尽瘁的人吗？唐朝的颜真卿和宋朝的秦桧，都是对后世影响极大的书法家，颜真卿因大义凛然，使"颜体"流传至今，而秦桧因大奸大恶，他创造的字体只能称为"宋体"。可见，忠直的人才是被人们接受的，所以我们就要做到对党忠诚，对人诚恳，不藏奸，不要滑，与人为善，表里如一，做老实人，办老实事。和这样的人交朋友，会觉得安全。

过分强调与天斗、与地斗、与人斗，不利于成功；人定胜天是假，大自然报复人是真；长期与人斗导致人际关系紧张，不利于团结。

 ## 宽容和谅解是很强大的力量

宽容和谅解是一种很强大的力量，它能感动他人，使人们感激你、信服你，并且愿意向你伸出友爱、援助之手。尤其是作为一名管理者，如果要想取得成功，那么就要在任何时候都以宽容之心待人。以谅解之心办事。俗话说"忍一时风平浪静，退一步海阔天空"。心理学家认为，人所受到的外界感受，影响一个人对外界的态度，受到尊重、褒奖的人，会有爱的眼光；受到轻视、贬责的人，会觉得周围的一切人都讨厌。自己受到严重的人际打击，则会使心灵变得狭隘、闭塞，给别人都戴上"敌人"的帽子。这种自惑心理，使自己陷入如临大敌、四面楚歌的虚幻境地。这种心境的另一个危险就是用报复来解决心灵上的不平衡，在无力或无法向对手报复时，就会用替代的"猎物"来宣泄不满。

人人都会受到别人的冷淡、误解，但为什么不是每个人都会产生怀恨之心呢？这是由其性格特点决定的。自信宽厚的人较少有怀恨之心，因为他对自己的优点、缺点有清晰准确的认识。"你可以对我不满，但不能改变我。"只有兼有忧郁性格和偏执性格的人最容易怀恨，这种人心胸狭窄，会对常见的误会、打击加以夸大，并耿耿于怀。另外，这种人极为自负、固执、自我评价过高，不愿意在任何事上吃亏，总是嫉妒一切，怨恨自己没能得到一切。这种人还过分敏感，多疑而多事，有很多偏见。这种人总以为人家跟他过不去，时刻带着"警惕"的眼睛发现"可疑的对象"，因此，他们的人际关系通常都很紧张。

有些孩子从小受到家人到娇惯，听惯了赞扬声，家人都围着他转，使其养成蛮横、专断、自私的习惯。这些孩子听不进不同意见，受不得一点委屈、挫折。在家庭冲突中，总是别人让步、妥协来迁就他。这种毛病带到学校里、社会上，危害是极大的。他们对自己的成绩不好，事业不顺，人际关系不好，不从个人能力、品质上找原因，而只是一味指责别人、指责社会和环境。久而久之，从口头上的争辩，慢慢发展成内心的愤恨，形成对人的情感冷漠和行为上的戒备最终成为危险的火种。它可以烧向自己，使自己变得抑郁、并可能成为偏执性精神病，也可能烧向别人，打击报复他人和社会，以发泄不满。

有一本人生杂志，上面刊载如下的新闻：有一位曾在战场上受伤的士兵，当他从麻醉手术台上醒过来的时候，军医对他说："你再休息一会儿，你就会痊愈了，唯一遗憾的是，你已经失去了一只脚了。"

没有想到，这位士兵却大声抗议说："不对，我这只脚不是失去的，而是被我遗弃的。"

相信你在读完这篇报道后，会对这位士兵那种毫不沮丧地接受悲剧事实的勇敢心理，感到由衷的敬佩。他能把失去的，改称为被遗弃的，显然他已经越过绝望的深渊。

在我们的人生中，失去的东西不计其数。然而，只要我们把那些东西当作被遗弃的废物时，沮丧的感受就会减轻许多。由此可见，面对着同样的悲痛事实，一念之差，前后的心情却截然不同。

要克服怨恨，就要心胸开阔些，改变任何事只考虑自己的认识观，并多与他人交往，甚至将内心的狐疑、不满向朋友倾诉，听听朋友的意见。若你的认识是因为迷惑而夸大了事实，就可以从朋友那里得到校正，若你的不满是正确的，也可以在向朋友的发泄中得到情绪缓解。千万不要让怨恨在心头生根滋长，最后演变为伤害行

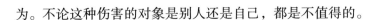

为。不论这种伤害的对象是别人还是自己，都是不值得的。

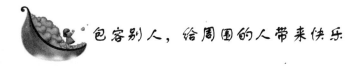

包容别人，给周围的人带来快乐

　　宽容是一种态度，也是一种胸怀，宽容可以激励别人，同时也能鼓舞自己。心胸狭窄的人，心中容不下一粒沙子；心胸宽广的人，心中可以包容整个世界。心灵就像花儿一样，你用宽容浇灌它，它将开得无比灿烂。宽容别人的人，也能得到别人的宽容，不会宽容别人的人，是不配受到别人的宽容的。

　　人生在世，不可能一帆风顺，种种失败、无奈都需要我们勇敢地面对、旷达地处理。如果我们时时能用包容的心来看这个世界，则会觉得这个世界很可爱。

　　曼德拉出生于南非特兰斯凯一个大酋长家庭，先后获南非大学文学士和威特沃特斯兰德大学律师资格，当过律师。曼德拉自幼性格刚强，崇敬民族英雄。

　　他因是家中长子而被指定为酋长继承人，但他表示："决不愿以酋长身份统治一个受压迫的部族"，而要"以一个战士的名义投身于民族解放事业"，他毅然走上了追求民族解放的道路。

　　曼德拉因为反对白人种族隔离制度的政策而入狱，白人统治者把他关在荒凉的大西洋小岛罗本岛上27年。当时曼德拉年纪已不轻，但白人统治者依然像对待年轻犯人一样对他进行残酷的虐待。

　　罗本岛上布满岩石，到处是海豹、蛇和其他动物。曼德拉被关在集中营的一个"锌皮房"，白天打石头，将采石场的大石块碎成石料。他有时要下到冰冷的海水里捞海带，有时干采石灰的活儿，每天早晨排队到采石场，然后被解开脚镣，在一个很大的石灰石场里，用尖镐和铁锹挖石灰石。因为曼德拉是要犯，看管他的看守就有5个人，他们对他并不友好。1991年曼德拉出狱当选总统后，他在就职典礼上的举动震惊了整个世界。

　　总统就职仪式开始后，曼德拉起身致辞，欢迎来宾。他依次介

31

绍了来自世界各国的政要，然后他说能接待这么多尊贵的客人，他深感荣幸，但他最高兴的是当初在罗本岛看守他的 5 名狱警也能到场。随即他把他们介绍给大家。

曼德拉的博大胸襟和宽容精神，令那些虐待了他 27 年的白人汗颜，也让所有在场的人肃然起敬。看着年迈的曼德拉缓缓站起来，向 3 名曾经关押过他的看守致敬，在场的所有来宾以及整个世界都静了下来。

后来，曼德拉向朋友们解释说，自己年轻的时候性子很急，脾气暴躁，正是狱中生活使他学会了控制情绪，因此才活了下来。牢狱岁月给了他磨炼与激励，也使他学会了如何处理自己遭遇的痛苦。

曼德拉并没有因为磨难而怨恨他们，反而以一种宽容的心态来处理。同时，曼德拉的心志与胸怀也在这一过程中得到新的体验与爱的升华。

在人与人交往的过程中，如果把一切都看平淡些，与任何人都不斤斤计较，遇到不顺心的事换个角度去理解，心想平安健康就是福，慢慢地，心胸会变得宽广。心胸宽广的人，能包容别人，同时自己也是快乐的，也能给周围的人带来快乐的生活。

2008 年世界性的金融危机波及每一个人，每个人看起来都不是那么容易地生活着。莎莉小姐费了很大劲才找到一份在一家高级珠宝店当售货员的工作。

有一天，她独自一人在店里，其他人都休息了。这个时候，店里来了一位 30 岁左右的男顾客，他虽然穿着很整齐干净，看上去很有修养，但很明显这也是一个遭受失业打击的不幸的人。

莎莉向他打招呼时，男子不自然地笑了一下，目光从莎莉的脸上慌忙躲闪开，仿佛在说你不用理我，我只是来看看。

这时，电话铃响了。莎莉去接电话，一不小心，将摆在柜台的盘子碰翻了，盘中有 6 枚精美绝伦的金耳环掉在了地上。莎莉慌忙弯腰去捡，可她捡回了 5 枚以后，却怎么也找不到第 6 枚。当她抬起头时，看到那位男子正向门口走去，顿时，她明白了那第 6 枚耳环在哪里。

当男子的手将要触及门把手时，莎莉柔声叫道："等一下，先生。"

那男子转过身来，两个人相视无言，足足有一分钟。莎莉的心在狂跳不止，心想他要是生气了我该怎么办？他会不会……

"什么事？"他终于开口问道。

莎莉极力控制住心跳，鼓足勇气，说道："先生，今天是我第一次上班，你知道，现在找份工作多么不容易，能不能……"

男子用极不自然的眼光长久地审视着她，好一阵子，一丝微笑在他脸上浮现出来。莎莉终于也平静下来，她也微笑着看他，两人就像老朋友见面那样亲切自然。

"是的，的确如此。"男子脸上的肌肉颤动了一下，回答说，"但是我能肯定，你在这里会干下去，而且会很出色。"

停了一下，他向她走去，并把手伸给她："我可以为你祝福吗？"

紧紧地握完手后，他转身缓缓地走出店门。

莎莉小姐目送着他的身影在门外消失，转身走回柜台，把手中的第六枚耳环放回原处。她的眼睛有些潮湿，她心里想这些日子能赶快过去，让大家都好起来吧。

怀着一颗宽广之心去理解他人，最后将得到意想不到的结果，聪明的莎莉小姐就是用这种方法改变了那个男子的决定，同时也融化了那个男子的心，他在以后的生活中肯定会时常想起这件事情，想起别人对他的宽容，他的日子也会越过越好。

在现实生活中，有许多事情。当你打算用愤恨去实现或解决时，不妨用宽容去试一下，或许它能帮你实现目标，解决矛盾，化干戈为玉帛。生活中，不能原谅自己或他人所出现的失误与差错，就会给自己和他人增加心理上的压力，影响今后正常的生活与工作，因此，我们需要学会宽容，懂得宽容待人的好处。

有人说，宽容是一种心境，是一个随和的人快乐所在。一个人要有清浊并容的雅量，用一颗宽容的心去理解别人、原谅别人，才可能不为身外之物所累，才会长久保持心态的恬静愉悦。

第三章　尊重他人，快乐你我

　　尊重别人，是一种境界，是一种修养，更是一种美德。尊重别人就是对他人的理解和善待。在日常生活和工作中，我们需要与别人打交道，尊重和理解他人就显得特别重要了。

 给别人留足面子，就是尊重别人

在人际关系中，如果你想有效地影响他人，让别人帮你说好话、办事情，就要学会尊重对方。给面子无疑是尊重对方的重要表现。在适当的时候，你若向他人提供帮助，这种帮助绝不会"肉包子打狗，有去无回"，它往往会像弹簧的弹力，你向其施加的力量越大，向你弹回的力也会越大。

生活中给对方留面子是一种互助的行为，如果你是一个对面子无所谓的人，那么在工作或者生活中，你也不可能说服他人、影响他人，进而让他人接收你的意见或者观点。所以，做一个社交的成功人士，最明智的选择就是时时给别人留点面子，事事预留点分寸。这样，在给他人留面子的同时，也为自己铺就了一条通向成功的阳光大道。

王鹏给我们讲了一个关于他祖父的故事，对我们的人生可能有所启发。

当年，祖父很穷。在一个大雪天，他去向村里的首富借钱。恰好那天首富兴致很高，便爽快地答应借与祖父两块大洋，末了还大方地说："拿去开销吧，不用还了！"祖父接过钱，小心翼翼地包好，就匆匆往等着急用的家里赶。首富冲他的背影又喊了一遍："不用还了！"

第二天大清早，首富打开院门，发现自家院内的积雪已被人扫过，连屋瓦也扫得干干净净。他让人在村里打听后，得知这事是祖父干的。这使得首富明白了给别人一份施舍，只能将别人变成乞丐。于是他前去让祖父写了一份借契，祖父因而流出了感激的泪水。

在王鹏的祖父心中，自己不是乞丐，在首富眼里，世上也没有乞丐。王鹏的祖父正是用扫雪的行动来维护自己的尊严，为的是别人能够尊重自己，而首富向他写借契极大地成全了他的尊严，也给了他祖父应有的尊重。

在人际交往中，也不乏这样的人，觉得自己帮了别人的忙，就觉得有恩于人，于是心怀一种优越感，高高在上，不可一世。这种态度是很危险的，常常会引发反面的后果，也就是帮了别人的忙，却没有顾及别人的颜面。正是因为这种骄傲的态度，把这笔账抵消了。

人际往来，帮忙是相互的，在给别人帮助的时候，一定要给他们留足面子。俗话说："面子是别人给的，脸是自己丢的。"所以，在面子问题上一定要小心，每个人都不傻，你给他面子，他同样会投桃报李给你面子，因为面子是相互给出来的。

作为一个中国人，你一定要了解"面子问题"，因为中国人对于面子问题看得异常严重。如果处理不当，就会对你的人际关系和事业造成很大的困扰。相反，如果处理得当，在人际交往中就会如鱼得水。

事实上，给人面子并不难，有的时候其实只要说几句恰当的话就可以了，这种无关紧要的面子是一定要抢着给的。有的时候给面子则需要花费一点工夫，比如求人帮忙、替人办事，这种情况下要综合考虑，如果确实是人情往来，曾受人恩惠，或今后可能有求于人的，还是要考虑给。至于其他的只能徒增麻烦，即使不帮忙，也要婉言拒绝，今后也好有回旋的余地。

心理学上讲：如果你在某种场合给对方留足面子，对方的心理会产生一种负债感，这种负债感会让其内心产生压力感，进而想方设法地通过同一方式或者其他方式还给对方，以放松内心的这种负债压力。

针对以上结论，心理学专家曾对此作了一个恰当的比喻。他们认为这就如同借钱一样，在对方急切需要用钱的时候，你将钱借给了对方。虽然是对方主动向你借钱，并且你非常情愿将钱借给对方，但是对方还是会产生负债感，并会想办法尽快将钱还给你，有时甚至附带利息还给你。

钱钟书先生是中国现代著名作家、文学研究家，曾为《毛泽东选集》英文版翻译小组成员。晚年就职于中国社会科学院，任副院长，影响国内外的小说《围城》即出自他手。

钱钟书一生日子过得比较平和，但困居上海孤岛写《围城》的时候，也窘迫过一阵子。辞退保姆后，由夫人杨绛操持家务，所谓"卷袖围裙为口忙"。那时他的学术文稿没人买，于是他写小说的动机里就多少掺进了挣钱养家的成分。一天500字的精工细作，却又绝对不是商业性的写作速度。

恰巧这时黄佐临导演了杨绛的四幕喜剧《称心如意》和五幕喜剧《弄假成真》，并及时支付了酬金，才使钱家渡过了难关。时隔多年，黄佐临导演之女黄蜀芹之所以独得钱钟书亲允，开拍电视连续剧《围城》，实因她怀揣老爸一封亲笔信的缘故。钱钟书是个别人为他做了事他一辈子都记着的人，黄佐临40多年前的义助，钱钟书多年后加以还报。

当时的黄佐临导演不会想得那么远、那么功利，但后世之事却给了他作为好施之人一个不小的回报。要想让别人给足自己的面子，就要先给别人面子。俗话说"在家靠父母，出门靠朋友"，多一个朋友多一条路。如果每个人都存有乐善好施、成人之美的心思，就能为自己多储存一些人情的债权。这就如同一个人为防不测，需养成"储蓄"的习惯，这甚至会让子孙后代得到好处，正所谓"前世修来的福分"。

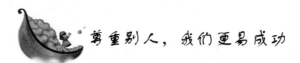

尊重别人，我们更易成功

尊重别人，是一种境界，是一种修养，更是一种美德。尊重别人就是对他人的理解和善待。在日常生活和工作中，我们需要与别人打交道，尊重和理解他人就显得特别重要了。所以，尊重是相互的，你想要别人尊重你，就先得去尊重别人。有些人不懂得尊重别人，抓到别人一点点不是就大肆宣扬，骂得天花乱坠，却自以为了不起，这是对道德修养的亵渎。不在乎别人的想法，做事我行我素，把自己的处事方式强加于别人身上，这是对他人人权的不敬。

尊重的基础是自尊，尊重以自尊为起点，尊重他人、社会、自然、知识，在自己与他人、社会相互尊重以及对自然的和谐共处中追求生命的意义，展现、发展自己的独立人格。

有人认为："今天人与人之间的关系其实非常简单，无非就是市场上的互相'交换'，交换商品、交换服务、交换感情，如此而已。"但是，心存感恩回馈他人，是一种有智慧的德行。只有心存感恩才会不断追求上进、不断接受他人，才能懂得尊重他人。学会尊重他人，怀揣一颗感恩的心，会让你赢得比别人更多的机会，带来意想不到的收获！

有时候，尊重是一种神奇的力量，它有一种无形的魅力，能够使失去信心的人重树信心，能够使看似没有希望的事情重新扭转局面。

强生公司的业务员小张曾经给我说过这样的事情：

小张的工作是为强生公司拉客户，客户中有一家是药品杂货店。每次他到这家店里去的时候，总要先跟柜台的营业员寒暄几句，然后才去见店主。有一天，他到这家商店去，店主突然告诉他今后不用再来了，他不想再买强生公司的产品，因为强生公司的许多活动都是针对食品市场和廉价商店而设计的，对小药品杂货店没有好处。小张只好离开商店，他开着车子在镇上转了很久，最后决定再回到店里，把情况问清楚。

当他再次走进店里的时候，照常和营业员打过招呼，然后到里面去见店主。这次很奇怪的是，店主见到他很高兴，笑着欢迎他回来，并且比平常多订了一倍的货。小张对此十分惊讶，不明白自己离开药店后发生了什么事。

店主指着柜台上一个卖饮料的女孩说："在你离开店铺以后，卖饮料的女孩走过来告诉我，你是到店里来的推销员中唯一同她打招呼的人。她告诉我，如果有什么人值得同其做生意的话，就应该是你。"从此店主成了小张最好的客户。小张说："我永远不会忘记，关心、尊重每一个人是我们必须具备的特质。"

还有一个发生在一位商人身边的故事，这位商人的行为改变了一个青年的一生。从前，有一位商人，他急匆匆地走在大街上，要去拜访一个客户。这时他看到一个衣衫褴褛的钢笔推销员，看上去已经好久没有开张了，顿生一股怜悯之情。他不假思索地将50元钱塞到卖钢笔人的手中，然后头也不回地走开了。

走了没几步，商人忽然觉得这样做不妥，于是连忙返回来，并抱歉地解释说自己忘了取笔，希望不要介意。最后，他郑重其事地说："您和我一样，都是商人。"

其实也正是如此，在没有遇见商人之前，这个年轻人已经两天没有卖出一件东西，正是商人的义举使得年轻人茅塞顿开。

一年之后，在一个商贾云集、热烈隆重的社交场合，一位西装革履、风度翩翩的推销商迎上这位商人，不无感激地自我介绍道："您可能早已忘记我了，而我也不知道您的名字，但我永远不会忘记您。您就是那位重新给了我自尊和自信的人。我一直觉得自己是个推销钢笔的乞丐，直到您亲口对我说，我和您一样都是商人为止。"

没想到商人这么一句简简单单的话，竟使一个自卑的人顿然树立起了自尊，使一个处境窘迫的人重新找回了自信。正是有了这种自尊与自信，才使钢笔推销员看到了自己的价值和优势，终于通过努力获得了成功。不难想象，倘若当初没有那么一句尊重鼓励的话，纵然给他几千元也无济于事，断不会出现从自认乞丐到自信自强的巨变。这就是尊重，这就是尊重的力量！

当我们用诚挚的心灵让对方在情感上感到温暖、愉悦，在精神上得到充实和满足，就会体验到一种美好、和谐的人际关系，最终也会获得成功。故事当中的小张就是这样，他用宽阔的胸怀和高尚的情操从心底里去尊重别人，从而能得到意想不到的结果。

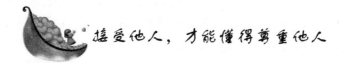

接受他人，才能懂得尊重他人

心存尊重之心，人生就会过得再快乐不过了，如果我们每个人都能怀着尊重的心去对待别人、尊重别人，那么我们这个社会就会变得更加和谐与美好。

汤姆是在北京某高校的一位大学讲师，他遇到过这样的事情：

汤姆曾经在流浪汉聚集的地下通道里遇到一个乞丐。那是一个二十来岁的年轻人，他衣衫破旧，抱着一把褪了色的旧吉他，唱着悲伤的歌曲。这样的情景，在这个城市每一天都可以见到。

"可以自食其力的人，却在这里乞求别人的施舍，他们为什么不觉得脸红？"想到这里，汤姆加快了脚步，向前走去。汤姆可不想为这样的人付出什么。忧伤的歌曲依然在汤姆的耳边萦绕，但是汤姆没有心情停住。

"先生，请等一等。"当汤姆走上台阶的时候，一个声音叫住了汤姆，汤姆知道是那个乞讨的人。

"别人不给钱就算了，还要追上来要钱！这样的人我是绝对不会给他钱的。"想到这里汤姆生气地对他说："对不起，我没有钱给你，我现在很忙，请不要打搅我。"

"您误会了，我想问这是您的东西吗？"当汤姆看到他手里的钱包的时候，这才发现，那正是自己的钱包，里面有整整一万美元，这些钱要是丢了，汤姆的工作就完了。

刹那间，汤姆感到了羞愧，是自己误会了这个乞丐。他并不是向汤姆讨要什么，而是归还汤姆丢失的钱包。

汤姆非常激动地接过了钱包，为了表示谢意，他从钱包里拿了一张 10 美元的纸币，然后对乞丐说："为了表示感谢，请接受我的一份心意！"

"先生，我是需要钱，但是我有自己的原则。"那个年轻的乞丐说道："希望您今天有一个好心情，下次可要注意了。再见了，先生。"说完，又回到了原先的地方，继续弹那把旧吉他。

原本觉得并不怎样的吉他声突然变得如此人性化，汤姆站在那里，感觉四周静悄悄的，只有悦耳的吉他声在耳边萦绕。

这就是一个乞丐的尊严，每一个生活在这个世界上的人都有尊严，这是他们生活下去的精神支柱，即使是乞丐也不例外。汤姆走在路上的时候，顿时觉得脚下的路是如此广阔，天空是格外的美丽，就连平常看见抽烟的人，今天也觉得格外亲切。

尊重别人，就要做到不排斥别人。我们不管对于什么样的人或者事物，都应该怀有一颗尊重的心。一个怀有尊重之心的人，就是一个有智慧有德行的人。只有心存尊重才会不断追求上进，不断接受他人，才能懂得尊重他人。

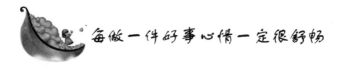

每做一件好事心情一定很舒畅

不以善小而不为，不以恶小而为之！相信行善的人每做一件好事心情一定很舒畅，心胸也会越来越宽广。

对于富人来说，有钱有势，日行一善是轻而易举的事，可以自己亲自去做，也可以委托身边的人或社会慈善组织去做。善事的大小可依自己的财富状态而定，善事的内容也很广泛，救灾、济贫、扶弱、修桥补路、伸张正义、造福社会、友善大众、发展公益等都是善事。贵在心存善念，持之以恒。

对于穷人来说，心存善念，给问路人指指路，给老弱妇幼让个座，遇到不平事站出来说句公道话，看到不文明行为善意地给人提个醒，给家人朋友路人多些微笑，有空时做点义工，给久别的朋友发条短信问声好，做工的把活干得漂亮一点，遇到别人处于危难之中给予力所能及的帮助，这些都是做善事。相信这些事每天都会遇到，为善是无所不在的，也没有大小之分，只要用心坚持，就会不知不觉形成为善的好习惯。

每日一善，持之以恒，就会得到幸福，所以，做善事自然会有好报。无论身在哪一个阶层、行业，抑或哪一种环境，我们都可以做好人、行善事，任何时候都能够保持善念，我们的福分才会不断延长，才会拥有光明、美好的未来。

明朝时江苏江阴有个叫张畏岩的人，学识丰富，擅长写文章，在当地很有名气。万历甲午年，他参加科考，结果榜上无名，于是就在榜前骂主考官有眼无珠。

有一位道人听了，微笑着说："这位相公，我看你的文章一定很差！"张畏岩怒气冲冲地对道人说："你凭什么笑我？你没读过我的文章，怎么知道不好？"道人说："我听说做文章的关键是要心平气和，现在听你骂考官，你的心中非常不平，文章又怎么可能写好呢?"张畏岩听了觉得很有道理，于是诚心向他请教。

道人说:"如果命中注定榜上无名，文章虽精巧，也没有什么帮助的。如能顺天行善，有什么福报不能得到呢?"

张畏岩叹息说:"我一个穷读书人，哪有钱做善事?"道人回答:"行善修德，重要的在于心，心中时刻存有善念，更加谦虚谨慎，常存帮助别人的心。行善的动机要纯，一切遵天理而行。比如谦虚做人，并不需要花钱，你完全可以做到。那为什么不反省自己，而要骂考官呢? 这就是你的过失了。"张畏岩因此感动悔悟，向道人致谢。

从此，张畏岩一心向善、修身，成为一位品德高尚的人。他常向周围人劝善，受到人们的称赞。

3 年后的一天，张畏岩做了一个梦，梦到进了一间很高大的房子，里边有一本名册，名册里有好多空格缺名，就问旁人:"这是怎么回事?"那人告诉他:"这是今年秋榜录取的名册。原本名册有名的，如果这 5 年当中他没有过失，他的名字才得保全。这些缺行，都是本应中举的人，因有缺失所以将名字除掉了。你这 3 年来，修身向善，可以补进去，如果能坚持不懈，将来更是福德无量，希望你能自爱。"这一年的科考，张畏岩果然中榜，后来当了官，为百姓做了很多好事。

有一句老话说得好啊，"日行一善，功满三千"，当一个人做善事做的多了，功劳也就很大了。其实不管什么时候，都要问心无愧，做善事也是为自己积德。

我们常说，一个人命运的好坏取决于日积月累的善举，并不是一次偶然的行为，有的人成功了，看似是因为某次行为，其实一个人的成功都存在着必然性，这与他平时乐施好善是分不开的。

卡罗斯·古铁雷斯被美国总统布什在竞选连任成功后宣布出任商务部部长，被美国猎头公司列为可口可乐、高露洁等世界性大公司首席执行官的候选人。《华盛顿邮报》曾以"凡真心助人者，最后没有不帮到自己的"为题，对古铁雷斯做了一次长篇报道。在这篇报道中，记者说古铁雷斯发现了改变自己命运的简单的武器，那

43

就是"日行一善"。

现在，卡罗斯·古铁雷斯这个名字已成为"美国梦"的代名词，然而，世人很少知道古铁雷斯成功背后的故事。

卡罗斯·古铁雷斯在7岁之前，过着钟鸣鼎食的生活，因为他父亲是位大庄园主。20世纪60年代，他所生活的那个岛国突然掀起一场革命，他失去了所有的东西。

当家人带着他在美国的迈阿密登陆时，全家所有的家当，是他父亲口袋里的一叠已被宣布废止的纸币。

为了能在异国他乡生存下来，从15岁起，卡洛斯·古铁雷斯就跟随父亲打工。每次出门前，父亲都这样告诫他：只要有人答应教你英语，并给一顿饭吃，你就留在那儿给人家干活。

卡洛斯·古铁雷斯的第一份工作是在海边小饭馆里做服务生。由于他勤快、好学，很快得到老板的赏识。为了能让他学好英语，老板甚至把他带到家里，让他和他的孩子们一起玩耍。

一天，老板告诉卡洛斯·古铁雷斯，给饭店供货的食品公司将招收营销人员，乐意的话，他愿意帮助引荐。于是，卡洛斯·古铁雷斯获得了第二份工作，在一家食品公司做推销员兼货车司机。

临去上班时，父亲告诉卡洛斯·古铁雷斯："我们祖上有一遗训，叫'日行一善'。在家乡时，父辈们之所以成就了那么大的家业，都得益于这4个字。现在你到外面去闯荡了，最好能记着。"

也许就是因为那4个字吧！当卡洛斯·古铁雷斯开着货车把燕麦片送到大街小巷的夫妻店时，他总是做一些力所能及的善事，比如帮店主把一封信带到另一个城市，让放学的孩子顺便搭一下他的车。就这样，他乐呵呵地干了4年。

第5年，他接到总部的一份通知，要他去墨西哥，统管拉丁美洲的营销业务，理由据说是这样的：该职员在过去的4年中，个人的推销量占佛罗里达州总销售量的40%，应予重用。

后来的事，似乎有点顺理成章了。他打开拉丁美洲的市场后，又被派到加拿大和亚太地区。1999年，被调回了美国总部，任首席执行官。

再后来，就是我们故事开头说到的他的成绩了。

一个人如果做善事，必会养成修养高、素质高、心胸宽广的性格。这样性格的人，往往是处处与人为善，多宽容、少计较，做事认真、做人诚信，乐观豁达的人，如果真的能做到这些，这个社会就会变得和谐，少了一分争吵，多了一分宁静；少了一分烦恼，多了一分美好。

 ## 骂别人傻瓜是有罪的

在《圣经》里有这样一条："骂别人傻瓜是有罪的。"在现代社会，骂别人是傻瓜的人多如过江之鲫，当然这肯定构不成犯罪，不过那些动不动就骂别人是傻瓜的人，往往自己也聪明不到哪里去。

有一位所谓的"成功人士"，他总是自我感觉良好，觉得别人都比不上他聪明，其实他只不过是继承了他父母的一大笔钱而已，他却把这看作自己骄傲的资本。和他打过交道的人，当面不说什么，背后都觉得他是个绣花枕头，他还有一个非常坏的毛病，就是不尊重别人，包括他身边的朋友和他的客户，他总是说别人是十足的傻瓜，而这还算是好听的，如果一时兴起，他还会咒骂对方的老妈，把别人形容成单细胞动物。

在一次谈判桌上，他对待客户极其不礼貌，他对这个客户说："你太傻了，这么简单的问题还要思考那么长时间。"这个客户没有说什么，只是根据他的判断，提出了一套新的方案，这个方案貌似对那个"绣花枕头"很有利，那位"绣花枕头"看了，哈哈一乐，就把协议签了。其实这个协议是个烟幕弹，看似明朗，实则暗藏机关，到最后因为这项合作协议，让这位"绣花枕头"赔得真只剩下一个绣花枕头了，当然，这次他没法骂别人是傻瓜了，倒是他妻子气得连着骂他："白痴，白痴，白痴。"

还有一位小伙子，他的性格比较急躁，总是乱发脾气，不经意间就得罪了很多人，让他自己的事业举步维艰，他在教堂祷告时向一位牧师诉说自己的问题，那位牧师告诉他说："《圣经》里面是禁止骂别人是傻瓜的。"这个小伙子想："原来是这样啊，怪不得我老走霉运，肯定是上帝在惩罚我。"他接着问牧师："那当我急躁得无法忍受的时候该怎么办呢？"这位牧师想了想，意味深长地说了一句："《圣经》里并没有阻止一个人称自己为傻瓜。"这个愣头儿青般的小伙子恍然大悟，说："我明白了，太感谢你了，牧师。"

这位牧师可能只是调侃一下他，但说者无心，听者有意，这位小伙子在以后的日子里，每当碰上棘手之事时，还是很容易急躁，但是他只对着自己发火了，他经常说的一句话是："我这个傻瓜，又把事情搞砸了，下回一定要注意才行！"久而久之，这位总是称自己为傻瓜的小伙子开了一家食品公司，日进斗金，公司的名字就叫傻瓜食品公司。

这两位老兄的不同遭遇，应该足以给我们以启示了吧？当问题出现时，我们应该埋怨自己还是埋怨别人？我想大家心里面已经有答案了。

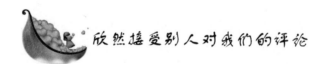

欣然接受别人对我们的评论

不妨换一种心境来看待别人对我们的评论，这说明别人对我们的印象深刻，是我们身上的某些东西打动了他们。

"我讨厌成为别人的谈资！"一位朋友向我抱怨道，她偶然听到一些朋友在背后谈论她，这让她觉得很不舒服，"难道有什么话不能当面说吗？干吗要在背后嚼舌头？"她说。

"那些人说了你什么呢？"我问她。她愣了一下，说："倒是也没有说什么太伤人的话，只是关于我的一些无伤大雅的小缺点。"我继续问她："那这些缺点是真实存在的么？他们是带着嘲笑的语气来说吗？"她的脸红了，说道："这些缺点倒是属实，他们的语气听起来也没有什么恶意。"问到这里我停下来，微笑地看着她，她有点不好意思了，说："其实我自己也经常在背后谈论别人。"

46

斯彭德说过这样一句经典的话："别人谈论我们时，其自由程度就应该跟我们谈论别人一样。"而我们大多数人所身体力行的却是："自己可以自由地谈论别人，却不允许别人自由地谈论自己。"如果可能的话，我们恨不得用胶布封上那些谈论我们的嘴巴，让它们永远不能说话。

当听见别人暗地里说自己时，不论谈论的内容是虚构的还是客观的，我们的第一反应好像都是暴跳如雷，觉得别人在挖苦自己。其实正如我们在背后评价别人一样，别人对我们的评价也多是客观友善的，如果我们能化作一只蜜蜂，偷偷地听他们的谈话，那我们一定能受益匪浅。我们会了解自己在别人眼中的形象，能看到自己平常无法察觉到的缺点，并改正它们。

我们把表里如一的人称做光明磊落，但是真正做到完全表里如一几乎是不可能的，但无法做到并不说明我们就是阴险狡诈的，因为有些话虽然是善良中肯的，但在当面说出来就会显得很失礼。比如人们在背后称林肯为"老亚伯"，是表达一种敬重之情，如果在当面这么说他，就有点不大礼貌了。

不妨换一种心境来看待别人对我们的谈论，这说明别人对我们的印象深刻，是我们身上的某些东西打动了他们。如果没有一个人在背后谈论我们，那我们的为人处事反而是失败的，因为我们就像空气一样无足轻重。

如果你也有在背后谈论别人的时候，那就要乐于接受自己成为别人的话题，让我们彼此都不要太求全责备，只要我们的初衷是善意的，谈论的内容是客观的就好。

我们得到的远远超过我们应得的

我们所受到的对待远远好于我们所应得的。这种宽容并非无偿奉送，而是需要我们以后在适当的时候转给他人。

每个人都曾是个任性的孩子。在小时候，父母宠着我们，宽容我们一切调皮捣蛋的行为，不论是用烟花点燃小狗的尾巴，还是爬到高高的树上掏鸟蛋，当我们长大了，我们不再那么任性，但是也难免会做出一些可笑的、愚蠢的甚至伤害到别人的事情，这时候，还会有人像父母那样宽容我们吗？

有的，还是有的，当某个被你伤害过的人不计前嫌的帮助你时，你忍不住感叹：原来善良的人这么多啊！是的，善良的人很多，而你是否能把自己无偿得到的东西在未来的岁月里再给予他人呢？

有的人慷慨，但也有人是典型的"财迷"，把自己的东西看得比天还大，他们从来没有想过给别人一点什么，尽管他们也曾得到过别人无私的帮助，我曾看见过一对献血的伴侣，当献完血从医院走出来时，一个亲戚不解地问他们："你们为什么要去献血呢？这对你们有什么好处吗？自己的血就要在自己的血管里流动，这当然是天经地义的，我这一辈子都不会去献血！"这对夫妇笑了，丈夫告诉那个亲戚，他曾经的想法和他一样，直到有一天，他出了车祸，严重失血，是一位路过的好心人把他送到了医院，并且在危急时刻把自己的血输给他，他才捡回一条命！而这位好心人连姓名都没留下就走了，这件事给了他很大的震撼，彻底改变了他自私骄傲的性格，在以后的日子里，每到献血日，他都要去无偿献血。

有一个日本编辑写了的一部自传，这本书里用优美的笔调描绘了自己年轻时的生活，他和我们大家一样，在年少轻狂的时候给他的父母惹了很多麻烦，当他回首过去的岁月，他惊讶于长辈对他的宽容与谅解，他也从中学到了关于人生关于宽容的智慧，他是这样说的："这就是人类天性的美好所在，我们所受到的对待远远好于我们所应得的。我觉得，这种宽容并非无偿奉送，而是需要我们以后在适当的时候转给他人。"

这句话说得多么好啊，我们所得到的远远超过我们应得的，当我们伤害了别人的时候，别人可能会不跟我们计较，我们更应该感到谦卑，而不是自鸣得意，我们要打包好别人赠予我们的宽容，在未来的某个时刻，把它邮寄给需要的人。

学会让别人快乐

我们缺少对别人的耐心

我们对待自己的缺点就像蜗牛散步一样缓慢，而一旦别人的表现没有让我们满意。我们就恨不得让那个人重新回到胚胎状态，让他们从来不曾出生过。

"我们的耐心就像一次性筷子那样不耐用。"一本小说中如此幽默地描写道，而我要说的是，现代人的耐心还不如一次性筷子那样耐用。但是耐心也分对自己还是对别人的，我们并不缺少对自己的耐心，我们缺少的是对别人的耐心。

有时别人犯了一点小错就会令我们抓狂："这家伙太没用了，这点小事儿都办不好。""难道你是猪脑子么？""为什么你不能聪明一点点？"这些抱怨充斥着我们的生活，但是它们大多只会让我们的血压增高，或者对我们正着手处理的事情起反作用，当一个人听到这些伤自尊的话，要么火冒三丈，要么彻底绝望。如果你们正在进行着一项重要的工程，这样的话可能会让整个工程泡汤。

有时别人犯错，只是因为他还是个新手，不了解具体的流程，但是我们却连一点耐心都没有，上来就是劈头盖脸地一通怒斥，仿佛他们犯了什么滔天大罪似的。我就曾见过在一个企业中，一位项目负责人在大声呵斥他底下的员工，其声音之凌厉胜过森林里的一头咆哮的灰熊，而我后来了解到，他训斥的那几个员工，上班还不满一周。

我们经常因为别人一些小小的无知而大为光火，却对自己的愚昧视而不见，即使这愚昧已经伴随我们很多年了，我们对待自己的缺点就像蜗牛散步一样缓慢，而一旦别人的表现没有让我们满意，我们就恨不得让那个人重新回到胚胎状态，让他们从来不曾出生过。

许多人对自己这种自私的行为都不加重视，他们通过改变别人来让自己满意，却还认为自己之所以这样做是为了别人好，甚至大言不惭地说是为了这个世界。这让一些人原本可爱的淳朴性格被改

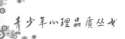
造得非驴非马，成为这个世界上一道破碎的风景。

　　有的人对别人没有耐心，对自己却很有耐心。为什么不正常一点？我们为什么总是苛求别人？为什么总是放过自己的任性和愚昧？如果真的要改变的话，我们还是先从自己身上做起吧。

第四章　助人为乐，乐在其中

　　济难救急，助人为乐，可以说是人世间最美好的情感。在这个物欲横流的时代，人们在情感上更需要新的支柱，不是利益，而是对他人的关心，对社会的责任感。

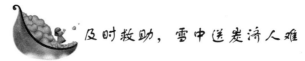及时救助，雪中送炭济人难

人在一生中，不会总是遂心如愿，平安无事，谁都难免遇到一些急难，谁都可能一时陷入困境。当别人有困难的时候，及时救助，雪中送炭，这就是济人之难的善举。

据史书记载，宋朝苏轼在钱塘做官时，审理过一桩欠钱2万而不还的案件。被告以制扇为业，因阴雨连绵，天气寒冷，扇子卖不出去，实在无力偿还。苏轼便挥笔在被告的20把夹绢做的白团扇上面或写或画，然后让被告拿去卖掉。

时人仰慕苏轼的书法绘画，争着以1000钱的价钱买一把，转眼间团扇就卖完了，从而使被告还清了所欠的债务。

著名画家李苦禅从山东来到北京拜齐白石为师。他客居在寺庙里，每天到北京艺专去听课。苦禅学业上虽有长进，但生活却无保障，只得租一辆人力车，课余时间拉客挣点钱糊口。白石老人知道后，责备说："你生活困难为何不告诉我？"随即叫他搬到自己院内的一间厢房里住。之后，白石老人又挑选了苦禅的一些画，亲笔题款后送书画店卖掉，以资助苦禅学画。

1933年夏天，傅抱石去拜访南京中央大学艺术系教授徐悲鸿。徐悲鸿看了傅抱石刻的图章和作的画后，觉得他很有前途。交谈中得知，傅抱石眼下只能在小学里替人代课谋生。徐悲鸿认为他应该去留学深造，就为此热心奔走，还捐出了自己的画，终于筹到一笔钱，使傅抱石得以成行。

济人之难，救人之命，解人之危，扶人之困，排人之忧的善举，充分体现人们的美好意愿。因此，自古以来，人们颂扬它，把它比作滋润禾苗、能救万物的"及时雨"。

随着时代的发展，社会的进步，中华民族济人之难的美德得到了进一步发扬。今天，一人有难，大家相帮，一方有难，八方支援的良好社会风尚，犹如普降神州大地的及时雨，洒向人间片片情。

1960 年 2 月 2 日晚，山西平陆县 61 名民工食物中毒，急需特效药 1000 支二巯基丙醇。由于平陆县和附近各地没有这种药，县里只好于 2 月 3 日下午 4 时打电话向北京求援。为了抢救 61 名民工的性命，有关的各个部门和有关的许多人，争分夺秒，克服种种困难，于当日夜 11 时多，将药品空投到平陆，使 61 名民工化险为夷。从平陆县打电话向北京求援，到药从天而降，这复杂辗转的全部过程只用了 7 个多小时！这惊人的高效率，不正是济人之难精神的生动体现吗？

1991 年夏，我国部分省区发生了百年不遇的特大洪涝灾害。洪水无情人有情，一场规模空前的赈灾活动，在华夏神州，在炎黄子孙所在的世界各地展开了。中国国际减灾十年委员会接收救灾捐赠办公室源源不断地接到从祖国四面八方捐赠来的钱和物。与此同时，港澳台同胞、海外侨胞也举行了形式多样、场面热烈的赈灾活动。其中，香港数百位演员于 7 月 27 日下午至深夜，进行了长达 7 个小时的大义演，其情其景，令人感奋！

济人之难，就是要与他人同甘共苦，心里装着他人冷暖。有时需要自己节衣缩食去帮助他人。如果"待有余而后济人"，必无济人之日。

济人之难，需要有奉献精神。济人之难就不希望他人回报自己。华罗庚说得好："人家帮我，永志不忘；我帮人家，莫记心上。"

我们应该努力在社会实践中培养自己济人之难的品格。要自觉地济人之难是很不容易的，只有平时注意加强正义、勇敢、善良等诸方面的品德修养，才能自觉地济人之难。

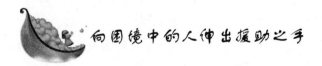

向困境中的人伸出援助之手

在他人需要帮助的时候，你把你的爱心和关心献给他，同时，在你需要他的时候，他也会伸出援助之手。

一个人陷入困境的时候，最需要别人的帮助。如果你有能力去

53

帮助他，那就去行动吧。有爱的人生才是充实的人生，幸福的人生。

如果他人发生困难，你应当伸出援助之手，帮助他人解决问题，摆脱痛苦。因为这时候是对方最需要帮助的时候，如果你帮助了他，他会永远感谢你的。

有一天，大哲学家西多斐尔出门时，碰见了他的一个好朋友安特尔太太，他看见安特尔太太正在伤心地哭泣。

西多斐尔走过去向安特尔太太问好："你好，安特尔太太，你看上去不是很高兴！"

安特尔太太抬头看见西多斐尔，说："你好，西多斐尔。"

西多斐尔说："你有什么难事吗？我能为你效劳吗？"

安特尔太太说："我们家出现了贵族家庭常出现的问题，我真的很伤心，我无法改变这一切。"

于是西多斐尔讲了一些贵族妇女的故事来安慰安特尔："亲爱的安特尔太太，请你不要忘了玛丽·斯图阿德，她一直诚心地爱着一个音乐家，一位嗓子很好的男中音。她的丈夫当着她的面把音乐家杀了，她的丈夫则被关了18年牢，最后又被送上了断头台。你想想她多么可悲呀！"

可是，安特尔太太的情绪还是没有好，仍然一味想着自己的悲痛。

西多斐尔接着说道："让我们再听一个女王的悲惨故事吧！就在她年轻的时候便被人篡位，后来孤独地死在一个荒岛上了。"

安特尔太太说："这些事我全知道，她们是很悲惨，但你为什么不许我想到我的苦难呢？"

西多斐尔说："因为那是不应该想的；因为那些名门贵妇都受过那么大的罪，你别再灰心绝望了。你得想想埃居勃，想想尼奥勃。"

安特尔太太说："谢谢你，西多斐尔，听了你的话我好高兴，最起码在这个世上还有你这样一个朋友来安慰我，我比她们要幸福得多，你放心，我会调整好自己的心情的。"

此后，西多斐尔经常陪安特尔太太聊天，使她开心。

但不久，这样悲惨的事降临到了他的身上，他的儿子不幸死了，他痛不欲生。这回轮到安特尔太太安慰他了。她找所有的帝王死了儿子的故事给他讲，并时常说一些笑话给西多斐尔听，使西多斐尔很快地忘却了伤悲。

这样，两个人的心情都得到了愉快。

助人为乐是人世间最美好的情感

济难救急，助人为乐，可以说是人世间最美好的情感。在这个物欲横流的时代，人们在情感上更需要新的支柱，不是利益，而是对他人的关心，对社会的责任感。

在帮助他人、造福民众的义举、善举中，助人者、造福者无疑会有一种情感的升华，得到一种精神上的慰藉，获得一种心理上的满足，这应该算是心灵上的最大幸福。

现实中不乏乐善好施者，他们常常热心于公益活动和慈善事业，常常投资或提供赞助资金，修建育婴堂、孤儿院、老年福利院，为残疾者办福利工厂等。在各种捐资助款的慈善活动中，在各种赈灾义演的场合里，我们随时都可以看到他们活跃的身影，富翁们往往会慷慨解囊，一掷千金。这一切，似乎与一些人心目中富翁们大都是些精明的吝啬鬼的形象大相径庭，因为巴尔扎克笔下的葛朗台那种什么都舍不得吃、什么都舍不得穿、什么都舍不得用，满脑子只是攒钱想法的吝啬鬼形象，至今还存留在个别人的头脑里。

其实，现代富翁们的行为是很可理解的。理财的精明与乐善好施并非必然的矛盾，这是两种完全可以统一起来的优秀品质。前者表现的是致富能力上的品质，后者表现的是对待金钱的态度。前者不能决定后者，但可以为后者提供财富上的支持；而后者则体现出一种博大的仁爱之心，为前者寻找到一条使用金钱的最好出路。

当然，我们现实中也有为富不仁的富翁，但这毕竟是个别现象。

在一份调查报告里，我们可以看到在733位百万富翁一年的30项活动的排序表中，"参加社区或城市活动"和"为慈善事业筹集资金"就高居第三位和第五位。这说明了什么呢？说明公益活动、

第四章 助人为乐，乐在其中

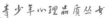

慈善事业在他们的生活中占据着相当重要的地位。

以韩国现代企业集团的首脑郑周永来说，他从一个一无所有的穷小子，赤手空拳打下503亿美元资产的江山，一跃而成为世界瞩目的超级大亨、财界巨头，但他在日常生活中却出奇地"小气"：一条裤子可以穿上好几年；衬衫直到领子、袖口磨破了才换新的；一只旅行皮箱能用十几年，直到把手坏了才换新的。他没有自己的专用餐厅，经常在员工餐厅里与职员们一起用餐。他的办公室朴实无华，墙上只挂了一幅韩国国花的绘画和一幅"淡泊以明志"的字轴。他对六个弟妹、九个子女的管教也非常严格，要求他们都像他那样，过一种俭朴的生活。

然而，就是这样一位严于律己，如此崇尚俭朴的亿万大富翁，在对待公益事业、慈善事业上却是豪气冲天，大把大把的钱花起来毫不痛惜。1977年，他把自己拥有的"现代建设"的50%的股票捐了出来，建立了"峨山社会福利事业基金会"，还出资创办了医院、幼儿园等社会福利事业，充分显示出了他的仁爱之心。

有人或许会说："不能以钱的多少来衡量爱心，很多并不富裕的人也有爱心，也在以他们微薄的财力帮助别人。"我们完全承认这样的说法，也丝毫没有在爱心上区别高下的意思。普通人的爱心和富翁的爱心一样，都是值得人称道的。所以，只要打算做个乐善好施的人，不论你贫穷还是富有，你将都会得到幸福。

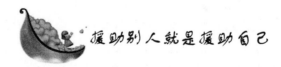

援助别人就是援助自己

人活一世，不可能与世隔绝，不可能活在真空中，不可能不与身边的人打交道。在与他人的交往中就会发现有的人过得很幸福，有的人过得很无，有的人正遭受着苦难，有的人正面临着不幸。

一个瘸子在马路上偶然遇见了一个瞎子，只见瞎子正满怀希望地期待着有人来引领他向前走。"嘿，"瘸子说，"一起走好吗？我也是一个有困难的人，也不能独自行走。你看上去身材魁梧，力气一定很大！你背着我，这样，我就可以向你指路了。你坚实的腿脚就是我的腿脚，我明亮的眼睛也就成了你的眼睛了。"

于是，瘸子将拐杖握在手里，趴在了瞎子宽阔的肩膀上。两人步调一致，获得了单独一人不能实现的效果。

很多时候，我们并不具备别人身上的优点，而当别人也不具备我们身上的优点时，就可以利用援助别人的方式来援救自己。所以，当命运给我们出些难题的时候，不如通过这种互相弥补的方式来互相援助。

有个司机叫孙宝清，是上海一个普通的打工仔。在一个冬夜，孙宝清送一位客人从浦东大道到浦西的海鸥饭店，当车子进入一条隧道时，客人突然要求掉头，原因是他出门的时候换了衣服，忘了带钱。看到客人的窘态，孙宝清反过来宽慰起客人。等把客人送到目的地后，又送给客人50元返程的车费（其实，原路返回只要25元就可以了）。回去后孙宝清就忘记了这件事，因为这不是他第一次那样做。几天后，客人打电话给他，邀请孙宝清为他做司机。这个客人叫龚天益，纽约银行上海分行行长。

孙宝清真心诚意地帮助一个素不相识的陌生人，最终使自己找到一份更好的工作。当然，他帮助别人是无条件的，是不计成本的。这种帮助是高尚的行为。

在战争年代，在一次激烈的战斗中，一名战士发现一架敌机向阵地俯冲下来。按理说他应该立即卧倒，但他发现离他四五米远处的一个小战友还站在那儿。他没有多想，一个箭步冲过去把小战士紧紧地压在了身下。此时，一声巨响，炸起的泥土落在他们的身上。这名战士爬起来拍拍身上的尘土，回头一看，顿时惊呆了：刚才他所站的位置被炸出了两个大坑。

那名战士为了救自己的战友而奋不顾身，结果恰恰是救了自己。

还有这样一个故事：

有一年夏天，张红在暑假过后返校的途中，经过一条小河，正逢洪水泛滥，无法过河。正在发愁之时，看见河边漂浮着一扇大门板，张红不管三七二十一跳上了这扇大门板，用木棒撑着它过了河。上岸以后，张红想顺水将那扇门板推向水中，任它漂去。

57

就在这时，张红想起了上小学时老师给她讲的一个道理：要在别人需要援助的时候，也给予他人帮助！想到这里张红看了看大门板，为何不留给下一个想要过河的人呢？于是，张红将门板拴在岸边一棵柳树上，匆忙赶路。爬过了崇山峻岭后，前面的一条大河水面更宽，根本无法过河，她只好惆怅地从原路折回。回到来时的那条小河旁，小河仍是污泥浊水，水位不降，那扇大门板却还拴在河边的柳树根上。张红意想不到的是"下一个过河人"竟然会是自己。

时刻想着别人的危难，并想着给他人带来帮助的人，很多时候都是在帮助自己，我们相信这样的人的运气一定不会差。

有一年冬天，一对年迈的夫妇来到路边一家简陋的旅店投宿，不幸的是，这间小旅店早就客满了。"这已是我们寻找的第18家旅馆了，这鬼天气，到处客满，我们怎么办呢？"这对老夫妻望着店外阴冷的夜色发愁。店里的小伙计不忍心让这对老年客人受冻，便建议道："如果你们不嫌弃的话，今晚就住在我的床铺上吧，我自己打烊后在店堂打个地铺。"

老年夫妻非常感激，第二天要按照房价付客房费，被小伙计坚决拒绝了。临走时，老年夫妻开玩笑似地说："你经营旅店的才能真够得上当一家五星级酒店的总经理了。"

"那真是过奖了，如果那样的话我就能养得起我的老母亲了"小伙计顺口应和道，哈哈一笑。

不料想两年后的一天，小伙计收到一封寄自纽约的挂号信。信中附有一张来回纽约的双程飞机票，信里邀请他去拜访当年睡他床铺的老夫妻。

小伙计来到繁华的大都市纽约，老年夫妻把他引到第五大道三十四街交汇处，指着一幢摩天大楼说："这是一座专门为你兴建的五星级宾馆，现在我们正式邀请你来当总经理。"

这个五星级宾馆就是著名的奥斯多利亚大饭店，而这个年轻的小伙子就是乔治，饭店的经理人。乔治因为一次举手之劳的助人行为，终究美梦成真。可见，一个与人为善、为他人着想的人，人家也就会用同样的善意去为他着想，给他提供机遇。为他的致富创造条件。

从前有一对夫妇，为人善良，待人宽厚，在街坊邻居中极有人缘，下岗不久，便在朋友、亲属及街坊邻居们的帮助下，在一家裁缝店的隔壁开起了火锅店。

火锅店刚开张时，生意冷清，全靠朋友和街坊照顾。但不出3个月，夫妇俩便以待人热忱、价格公道而赢得了大批的"回头客"。火锅店的生意也一天一天地好起来。每到吃饭的时间，小城里行乞的七八个大小乞丐，都会群结队地到他们的火锅店来行乞。

这夫妇俩宽容平和地对待这些乞丐，其他店主一见到乞丐上门，就会拉下脸来严厉地呵斥辱骂。而这夫妇俩则每次都笑呵呵地给这些肮脏邋遢、令人厌恶的乞丐高举到面前来的那些五花八门的锅碗瓢盆中盛满热饭热菜。而且人们注意到，夫妇俩施舍给乞丐们的，都是新鲜饭菜，并不是那些顾客的残汤剩饭。

有一点就是夫妇俩在施舍乞丐的时候，没有丝毫的做作之态。他们的表情和神态十分自然，就像他们所做的这一切原本就是分内的事情，真是一对"善心如水的夫妻"。

日子就这样一天一天地过着。一天深夜，隔壁从事裁缝生意的店铺，由于老板沉迷于打麻将而忘了将烧水的煤炉熄灭，从而引发一场大火，殃及了火锅店。

这一天，恰巧丈夫去外地进货，店里只留下女人照看。一无力气二无帮手的女店主，眼看辛苦张罗起来的火锅店就要被熊熊大火所吞没，着急万分之时，只见那班平常天天上门乞讨的乞丐，不知从哪里钻了出来，在老乞丐的率领下，冒着生命危险将那一个个笨重的液化气罐搬运到了安全地段。紧接着，他们又冲进马上要被大火吞没的店内，将那易燃的桌椅及店内的其他物品也全都搬了出来。消防车很快开来了，由于抢救及时，虽然也遭受了一点小小的损失，但最终保住了。而周围的那些店铺却因为得不到及时的救助，货物都被烧得精光。

别人过得幸福的时候，我们不去打扰；而当别人有困难的时候，我们就要伸出援助之手，去帮助他们。这样做会让我们的心灵得到净化，我们的素质得到提高，我们的人民得到拯救，我们的国家整体水平得到提高。

第四章 助人为乐，乐在其中

59

 对别人的帮助一定要有所回报

学会让别人快乐

帮助别人的人，在给别人解决困难使其得到安慰和快乐的同时，自己也收获到了心灵上的安慰和快乐。帮助别人是一件快乐的事，得到曾经被帮助人的赞许和回报，是对自己付出的肯定。而接受过别人帮助的人，大都会尽其所能去回报那些帮助过自己的人，正所谓"受人滴水之恩，当以泉涌相报"，这也是人之常情。那么在现实生活中，经常有这样的事情，对别人给予的帮助，一定要想尽办法给予回报。

陈朝辉曾是一名出租车司机，1998年患上糖尿病。2006年，由于糖尿病引发视力残疾，他的双眼慢慢失明了。治病花光了他多年的积蓄，失明后的他大部分时间都待在家里无法工作，家境十分贫困。当地居委会知道他的情况后，帮他申请了低保。逢年过节，有关部门和居委会的工作人员都会上门慰问他、帮助他。他也因此萌生了回报社会的心愿。

同年，他通过广播得知外地有一位盲人死后捐献了遗体，从此有了捐献遗体的想法。他还劝过一个患重病的朋友，在死后把遗体捐赠出来，但未能说服对方，这让陈朝辉觉得十分遗憾。

陈朝辉说："社会帮助了我很多，我想死后把遗体捐献出来，提供科研或教学使用，身上有用的器官也可以捐献给需要的人。"2007年，陈朝辉在语音聊天室认识了一个朋友林先生，两人聊天时，陈朝辉多次向他表达捐献遗体的想法，让林先生深受感动。于是，林先生帮他联系此事。

陈朝辉的家人也表示理解这件事，并给予他支持。2008年，在林先生的帮助下，陈朝辉顺利办理了遗体捐赠手续。

陈朝辉的故事和一个叫王喜的人刚刚毕业时的情景很相似，讲的是老总对王喜的照顾以及他对老总的报答。

王喜大学毕业以后，好不容易找到一份销售的工作，勤勤恳恳

60

干了大半年，非但毫无起色，反而在几个大项目上接连失败，而他的同事个个都干出了成绩。他实在忍受不了这种痛苦。在总经理办公室，王喜惭愧地说，可能自己不适合这份工作。"安心工作吧，我会给你足够的时间，直到你成功为止。到那时，你再要走我不留你。"

老总的宽容让王喜很感动。他想，总应该做出一两件像样的事来再走。于是，他在后来的工作中多了一些冷静和思考。

过了一年，王喜又走进了老总的办公室。不过，这一次他是轻松的，因为他已经连续 7 个月在公司销售排行榜中高居榜首，成了当之无愧的业务骨干。原来，这份工作是那么适合他！他想知道当初老总为什么会将一个败军之将继续留用呢？

"因为，我比你更不甘心。"老总的回答完全出乎年轻人的预料。老总解释道："记得当初招聘时，公司收下 100 多份应聘材料，我面试了 20 多人，最后却只录用了你一个。如果接受你的辞职，我无疑是非常失败的。我深信，既然你能在应聘时得到我的认可，也一定有能力在工作中得到客户的认可，你缺少的只是机会和时间。与其说我对你仍有信心，倒不如说我对自己仍有信心。我相信我没有用错人。"

而王喜也没有辜负老总的照顾，而是以优秀的业绩回报老总和公司。当他人给予你爱，你也应用爱去回报他人。让世界充满爱，充满亲情、友情！

会回报的人，才会生活，生活会因回报而精彩。人生在世，每个人都不敢说自己从来都没有接受过别人的帮助，所以懂得回报的人，生活永远比不知回报的人精彩。不管是从人际关系，还是从个人本领的大小来说，生活是一个有机整体，回报是其中的一环，一个社会如果人人都善于回报，这就是一个良性循环。周而复始，这个社会就显得极为和谐，生活才更精彩。

不要为谋求回报才去帮助别人

盼望着别人回报的帮助只能是伪帮助。真正帮助别人的人根本就不会希望有朝一日那个人会回报自己,他所希望的是他的帮助能让别人的境况得到好转,如果那个被帮助的人的境况能继续好转下去的话,希望他也能如自己一样去帮助其他正陷入困境的人。

一个为了谋求回报才去帮助别人的人,很难说他的行为是在帮助人,他更多的是在图谋不轨,其心思是败坏的,其举动是可耻的,其用心是虚伪而阴险的。

而受他帮助的人也会很痛苦,人的尊严和人格要遭受前所未有的践踏和毁坏。大多数情况下为了得到回报才去帮助别人的人,不仅很难得到加倍的回报,而且还会落个坏下场。因为他们都是些性急的伪君子,他们一边帮着别人一边向别人索取,就像“早上刚借给人家钱,下午就叫人家还”。他们已经提前将别人为他预备的“财富”拿走了,还想要在事情结束之后,再让人家双倍地偿还,这跟敲诈是没有什么两样的。

网易网在 2010 年 1 月 22 日刊登了一篇关于慈善捐款的报道,陈光标自 1998 至今共捐了十几个亿被称为“首善”。而他的一张相片刺激了人们的眼球,他站在一堵用 3300 万元砌成的“钱墙”后面,笑逐颜开。这引起了“是捐款还是作秀?”的疑问。1 月 24 日,网易网就此对陈光标进行了采访。陈光标也回应了大众的疑惑,其中也发表其对投身慈善的看法:“我为你做好事,你最起码应该给我一封感谢信吧?”

陈光标认为投身于慈善是应该得到别人肯定的回报。得到“肯定”是理所应当的,但是“回报”这种说法就别有用心了,这是一种贪图,是对自身名誉有利的“回报”。这种回报是从自己利益出发的。这不是从慈善事业本身出发的,也不是从中国优良的道德出发的,这是与帮助别人的意义相违背的,捐款人应出于一份社会责任感和同情心。

当然，得到别人的帮助应该回报他人，但不是施助人强行要求的，而是在被帮助人有能力的时候，积极主动地回报帮助自己的人。

与陈光标做法相反的是比尔·盖茨，盖茨既是世界首富，也是世界首善，这一荣誉是来自于他的善心。

盖茨的每次捐款都有媒体安排大型的宣传活动，但这种活动的性质是：熏染一种"热心"，使更多人捐款，使更多人受助。盖茨这种做法的出发点就是为他人着想，使更多的人能够得到帮助，他以他人受助为出发点，带动了各地人士的社会责任感，带动了良好的社会风气。

但是也有很多人与陈光标相类似，站在"钱山"后，目的是告诉大家捐款就应该"真金白银"，看得见、摸得着，而他做到了。这些人是以通过帮助他人为借口，凭借宣传公益、宣传助人为乐的手段更有力地宣传自己，从而使更多的人投身公益帮助他人和带动自己的经济利益。这种行为是不可取的，也不是我们社会所倡导的主流方向，用"施恩"来达到个人利益的回报，这种"施恩"我们宁愿不要。

 ## 施舍和捐助是一种很高贵的行为

记得在"5·12"汶川大地震的时候，一个老人的行为深深感动了我们所有的人，他让我们动容，让我们明白评委会和捐助的行为是多么的高贵，同时也让我们对这位老人肃然起敬。

这感人的一幕发生在南京市江宁区东新南路的一个募捐点。那天中午 12 点，一位年约 60 岁的老人来到了募捐点，他头发花白，穿一件蓝色衣服，胸前的补丁起码有 3 个，背后的则不计其数，衣服下摆已经破烂，脚上穿一双破烂的凉鞋，手中还拿着一个讨饭碗。

工作人员郭小姐说："我们放了好多宣传牌，上面有灾区的一些图片。"老人端着碗，在宣传牌前止步，看了一会儿，哆哆嗦嗦地从口袋里掏出 5 元钱，放进募捐箱。

下午 3 点，老人再一次出现，这次，他掏出了 100 元，塞进了募捐箱。

老人解释，"我上午就想多捐一点，但钱太零碎了……"

老人的普通话很不标准，费了很多口舌后才让工作人员明白，老人本想多捐一点钱，但身上全是讨来的一毛、两毛还有一些硬币，不好意思拿出来，特地利用中午凑了凑，接着到银行，将全身的零钱兑换出了一张 100 元钞票，老人一直说，"灾区的人比我更困难，他们的生命都受到威胁，不容易啊！"

好说歹说，老人总算留下了自己的名字，但他不会写字，委托工作人员代签：徐超（音）。老人走后，在场很多人都流下了眼泪。保安说，老人常在附近乞讨，平时很少吃到什么好东西，没想到一下子就捐出这么多……

我们不要忘记了圣贤的古训"穷则独善其身，达则兼济天下"。当你有能力帮助别人的时候，就不要犹豫，因为"施比受更有福"，如果一个人能够常怀助人之心，我们便会更加感激和怀念那些有恩于我们却不言回报的每一个人，常怀助人之心，便会把给予别人更多的帮助和鼓励作为自己最大的快乐，常怀助人之心，对别人就会少一分挑剔，多一分欣赏。

一场大火，夺去了这个家庭女主人的生命，吞噬了这个家庭所有的财产，男主人和他那个叫翔子的小孩在消防人员的帮助下，险象环生地逃了出来。

房子已经不能再进去居住，小区的物业在一楼腾出来一间车库，让这对可怜的父子暂时安身。记者去的时候，车库门口已经有好些人了。在这些人中，有一对母女引起了记者的注意，她俩显然也是来捐赠的。

母女俩正在交谈着什么，小女孩很不高兴的样子，可能是这位母亲拿了女儿不情愿拿出的东西来捐赠，才引得女儿不高兴。记者走过去，原来那位母亲正在指着地上的那堆东西对女儿说话："你瞧，这被褥是妈妈最好的被褥，我们都能将自己最好的拿出来捐给翔子家，你为什么就不能拿你最好的呢？你有那么多的玩具，你为

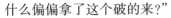

什么偏偏拿了这个破的来？"

"将自己不想要的东西捐赠给别人，这样对吗？你再好好想想。"母亲说。

小女孩有些局促不安，小声地问："难道就要将最好的东西送给别人，非得最好的吗？"

"我想是的，"见女儿半天不吭声，她便问，"你有最好的东西吗？咱们能不能换一换。不捐这个破了的熊，捐你最宝贝的。"

小女孩抬起头来，但最终还是小声地说："我舍不得。"

做母亲的有点儿失望，说："妈妈不逼你，要不，你再想想。"

女儿问："我要是将我最宝贝的东西捐给了翔子。他还会还给我吗？"

我忍不住插了嘴，因为小女孩的提问样子太可爱了，我代她母亲回答："当然不会，哪有捐出去的东西又要回来的道理？"

小女孩有些不死心，重新得到了确认后，来到仓库，她拉过满脸挂满泪痕的翔子。然后，郑重地，小心翼翼地，将她母亲的手交到翔子的那只小手上。她的脸色苍白，咬了咬嘴唇，然后下了很大决心似的说："翔子，我把妈妈捐给你，以后你就有妈妈了。"

说完这一句，她的眼泪顺着脸颊淌了下来，然后"嘤嘤"地哭出了声，转身跑开了。

我终于明白了小女孩的意思，在她四五岁的天空中，最好而又最宝贝的当然是她的妈妈了，她将她最为宝贝的妈妈捐给了翔子，让失去妈妈的翔子有了妈妈。而她自己，这一捐之后就再也没有妈妈了，她怎么能不难过，怎么能不哭泣。

她的母亲一把抱住她，疯狂地吻她，我看到，这位母亲的眼里，噙满了眼泪，满脸都是幸福而骄傲的神情。她幸福，是因为她的女儿将她当成了这世界上最宝贝的东西；她骄傲，是因为她的教育有了成果，女儿学会了捐赠。

这是我迄今为止看到的最为高贵的捐赠，它让所有的大人汗颜，面对别人的灾难，我们奉上的只是微薄的关爱和同情，而这小女孩奉上的，是她的整个世界。这也是我看到最为高贵的母亲，她在她女儿那小小的纯洁的心里种上了爱的种子，开出了高贵的花。

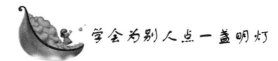

学会为别人点一盏明灯

　　黑暗中，为他人照亮道路并不是一件容易的事，有时需要自己付出很大的代价。但人人都学会为别人点一盏灯，许多人在一起就会有无数光芒。我们的路才会越走越宽，越走越平坦。

　　曾读到一位佚名作家写的一个故事：

　　有一个人手提灯笼走在夜晚漆黑的街道上，天上没有月亮。

　　突然，他迎面遇到了一个朋友，这个朋友马上就认出了他——盲人古诺。于是朋友对他说："古诺，你的眼睛又看不见东西，为什么提着灯笼走路呀？"

　　盲人回答说："我知道这里的夜路很黑，我打着灯笼不仅是为了让其他人能看清他们要走的路，也不至于撞到我呀。"

　　光明对于盲人而言无疑是重要的，但他提着灯笼不只是为了给自己照路，却是将光明带给别人。如果所有的人都点亮一盏灯，在为自己照明的同时也让其他人看见光明，那么整个世界将充满温暖和友善。

　　有一位师范学校毕业的学生被分配到山村教学。

　　他来到这个山村的第四个年头，忽然有一天山洪暴发，冲毁了原来曲曲折折的山路。他急得不得了，因为刚结婚不到一个月，如今交通一断，新婚的妻子和年迈的父母不知会怎样为他担心。

　　正当他急得团团转的时候，房门被推开了。院子里站了十几位学生家长和十几位学生，每个人手里都提着一盏灯笼。为首的那个人说："老师，我们送你回家。我们知道山上还有另一条路可走。"他喜出望外，跟在那些人后面走出房门。

　　天很快就黑下来了，在灯光下，他发现满是荆棘，其实根本就没有路。他疑惑地问他前面的一个人。那人告诉他，等他们走一个来回，没有路的地方也就有了路。就在他正要详细问时，那人一不小心跌落山崖，他顺手接住了那人手里的灯笼，大喊大叫着要去救他，被众人拉住。

最后，当他们走出山外时，他没有回家又返了回来。因为他终于明白了每一次山洪暴发冲坏山民们的路后，按照村里的规定，村中人必须轮流去踩路。虽然踩路的人中很可能会有去无回，但所有的人没有一个推脱，因为他们用生命为别人踩出了一条路。

若干年后，当他的学生陆续考上大学飞向国外时，当村中每一个人都恭敬地称他为老师时，他总是送给每个学生一盏灯笼，说："不要忘记每一个踩路人，没有他们，就不会有我们的今天。愿你们也做踩路人吧，走出大山，走向大山外面的世界。"

洛杉矶加州大学篮球队的著名教练约翰·伍登告诉自己的队员，在每次他们得分后，都要向传球给他们的队友示以微笑或点头，以此感谢队友的关爱。

有一个队员就问伍登："要是对方没有望过来该怎么办呢？"

伍登说："别担心，我已告诉所有队员这么做了。为别人献一点爱心，我们的胜利才会多于失败。如果你传给对方球后，我保证他会向你微笑或点头。"

点灯是为了看路，灯照亮了黑暗，同时也照亮了人心。学会助人为乐就是给别人点一盏灯，它不但会给对方带来温暖的慰藉，也会鼓励对方更加支持自己走向成功。

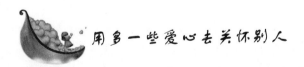

用多一些爱心去关怀别人

诗人艾青说过："在寒冷中最先死去的不是没有衣服的人，而是自私的人，只有相互拥抱才能带来温暖。"是的，关怀是何等重要，它是维系人与人之间美好关系的桥梁。关怀他人的人都是心地善良的人。往往小小的爱心就能改变一个人的命运。

佛罗里达，一个风雪交加的夜晚。一位名叫希伯来的年轻人因为汽车"抛锚"被困在郊外。正当他万分焦急的时候，一位骑马的男子正巧经过这里。见此情景，这位男子二话没说便用马帮助希伯来把汽车拉到了小镇上。事后,当感激不尽的希伯来拿出不菲的钱对他表示酬谢时,这位男子说:"我不需要回报,但我要你给我一个承诺,当别人有困难的时候,你也要尽力帮助他。"

于是,在后来的日子里,希伯来主动帮助了许许多多的人,并且每次都没有忘记转述那句同样的话给所有被他帮助的人。几年后的一天,希伯来被突然暴发的洪水困在了一个孤岛上,一位勇敢的少年冒着被洪水吞噬的危险救了他。当他感谢少年的时候,少年竟然也说出了那句希伯来曾说过无数次的话:"我不需要回报,但我要你给我一个承诺……"希伯来的心中顿时涌起了一股暖暖的激流。

无独有偶,几年前,国内的一家知名大企业在某高校无条件资助贫困大学生时,也动情地提出了一个相似的"条件":公司不需要你们回报,但希望你们将来走上社会后,不要忘记中国还有千千万万个失学儿童在等着你们的帮助……

传递爱心、关怀他人也就是善待自己、关心自己。希伯来没有想到当年把一份爱心小心翼翼地传递下去,影响了很多人,而最让他感动的是,最后这份关怀又转到了自己的身边。其实,我们现实生活中有太多的弱势群体需要关心与帮助,残疾者、孤寡老人、失学儿童,在他们艰难的人生旅途中,会遭遇太多的"抛锚"时刻,也会常常突遇"洪水"被困生活的"孤岛",这时候能否伸出援手,往往就需要我们有一颗关怀的心了。

我们熟知的影视红星成龙,就是用他的爱心去关怀别人,同时也感动了我们自己。他是怀着一颗助人为乐的心去做各种公益事业,真正做到了爱别人,同时也是爱自己。

2005年9月2日,"成龙和他的朋友们"上海演唱会在上海八万人体育场隆重举行。这不仅是一场演唱会,还是一场慈善会。

成龙把此次演唱会作为慈善周末的重要活动之一,他亲力亲为,誓将慈善事业进行到底,把关怀别人的爱心奉献到底。成龙做善事乐此不疲,尽管拍电影、做宣传要忙的事情很多,只要有空成龙就会花时间来去关怀别人。

成龙母亲的过世对他打击很大,也使他重新定位了自己。他的好友说:"成龙母亲的死,加上身边好友梅艳芳、张国荣、黄霑的离去，世界到处发生的灾难，种种事件令成龙非常触动，甚至改变了他今后的人生。此后不断举办的慈善活动都表现了他真心地希望去关心他人、帮助他人的愿望。"成龙更是把整个4月定为"生日月"，用所有时间去关怀别人，做慈善事业。新疆、西安、遭遇海啸袭击的地区、柬埔寨、越南，甚至非洲，只要是发生灾难的地方，就有成龙的足迹。

成龙说，他要用爱心去帮助那些有困难的人们。当他看到贫困山区的孩子的时候，他说："他们让我感动，让我想起了自己的童年，我从小没有读过书，目前所得到的知识全是靠后来自学。"近年来，他一直致力于慈善事业，要尽自己最大的能力去帮助那些因为贫困而上不起学的孩子们，帮助那些失去生活来源的人们。他还说，"关怀别人有起点，但没有终点，要一直做下去，直到不能做为止。"

成龙就是这样，怀着一颗慈爱之心，从亚洲到非洲，从香港到内地，到处都有他奔波的身影。为了帮助别人，关怀别人，这位爱心使者要将慈善事业进行到底。

所谓的爱的真正含义就是爱每个人。一个不关心别人，对别人不感兴趣的人，他的生活必会遭受重大的阻碍、困难，同时会给别人带来极大的损害、困扰，人类所有的失败，都是由于这些人而发生的。

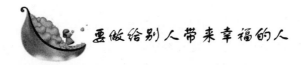

要做给别人带来幸福的人

我们不做没有爱心的人，要做能给别人带来帮助、能给予别人关怀、能给别人带来幸福的人。有这样一句话说的好："幸福并不取决于财富、权力和容貌，而是取决于你和周围人的相处。"所以要做一个幸福的人，就要先幸福地对待别人。

如果你是个盲人，走在漆黑的夜里。你会为别人打上一盏灯笼吗？也许你会不屑，盲人何需灯笼！可是你想过没有，正是这黑夜中的灯笼，使别人看清了路，看到了你，避免相撞。所以，举手之

第四章　助人为乐，乐在其中

劳;在方便了别人的同时，也避开了自己的不幸。关爱别人，在某种程度上也是关爱了自己。

我们熟知的童话大王郑渊洁，就是得到了别人的关爱而信心大增，终于找到了自己的人生。

郑渊洁小时候默默无闻，总想证明自己却又找不到方法。自卑的他在一次义务劳动中找回了自信：仅仅是因为工厂的老师傅无意间表扬他说："这孩子真能干，干活的时候要小心点啊！"老师傅无意间流露了对一个陌生男孩的关爱，却挽救了一颗苦闷抑郁的幼小心灵。关爱是从心底迸发的清泉，也许关爱他人的行为是无意的，但给予被关爱者的也许是整个世界。

由此可见，关爱他人在我们的生活中起到了很重要的作用，有时候真的能够改变我们的一生。关爱别人需要我们付出实际的行动，让我们用一颗爱心去关怀别人，用一颗诚心去关心别人，用一颗热心去体贴别人。

要做到这些，这就需要我们在生活中常常树立这样一个观念：理解他人，想及他人，关爱他人。关爱他人应该在人们的思想中生根发芽。给车上的陌生老人让一次座，也许微不足道，但却让老人感到了温暖，也给自己储存了高尚；给希望工程捐款，也许只是杯水车薪，但所有人的力量加起来是巨大的，它可以为无数彷徨的孩子撑起生命的蓝天。

我们每天都承受了许多的关爱。所以我们是幸福的。我们的生活，父母总是牢牢牵挂；我们事业的发展，凝聚了领导无尽的关怀。你是不是曾想过也要把幸福带给别人？那么就请从现在开始，用你的实际行动，让这片空白变成五彩图案吧！

早晨，亲人有些不舒服，你悄悄地把药片放在他的枕边；爱人或父母工作不顺利，你抢先做完家务。路上，有小孩摔倒，你轻轻地把他扶起；车上，有老人站着，你热心地给他让座。在别人失落时，送上一句安慰的话；在别人遇上难以解决的问题时，为他出谋划策；在楼梯或走道上向遇见的同事和邻居热情打招呼。关怀他们就要从一点一滴做起。

让我们多一些爱心去关怀别人吧！我们学会关怀别人的同时也

获得别人的关怀，就懂得了助人为乐的意义：当我们将关怀付诸行动时，就会获得更多的快乐！

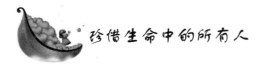

珍惜生命中的所有人

生命中的所有人，只是生活方式、条件、境遇等不同，却没有高低之分。学会珍惜，那是精神上一笔巨大的财富。懂得珍惜身边的人，读懂他们的感受，你会发现，这个世界是如此地温暖。

一位城里的母亲，为了让女儿体验艰苦的生活，便带着上中学的女儿千里迢迢来到甘肃最缺水的地方。

在甘肃一位农民家里，母女俩看到了一口看似干涸的井。阿姨告诉她们："这还是去年积下的雨水，这里用水紧张，这水得先用来洗脸，然后洗衣服，最后又用这盆脏水去喂猪。"

当女孩看到打来的水里漂浮着一些不干净的东西，水底还沉淀着许多泥土时，坚决不吃这里的饭。她喝着自己带去的柠檬汁和牛奶。

两天过去了，女孩带来的食物也快吃光了，就嚷着要回去。

这户人家听说她们要回去，为了招待远方来的客人，特地买来了韭菜。但当小女孩看到他们用雨水洗菜、和面时，她又开始拒绝吃饭。

妈妈问她从井里打上来的水能不能喝？女儿仍旧回答："不能喝，不干净。"妈妈说："如果你很渴了呢？如果你两天没喝水了呢？也不喝吗？""不喝。"女孩固执而又大声地回答。她觉得自己的生活中绝不会有这种事。

不过那晚女孩哭了，倒不是因为她太渴，这儿太苦，而是妈妈训斥了她，而且更让她感到吃惊的是：这户人家的阿姨和妈妈一样曾是插队知青。在当时只有一个回城名额的时候，阿姨让给了妈妈。因为妈妈是独生女，年迈的外公、外婆没人照料。本来，阿姨的女儿也该有像她一样的生活。

这一切，阿姨从未提起，也不让妈妈告诉任何人，只是妈妈看她不懂事。阿姨家数月来仅有的蔬菜便是土豆，为了她们才特意到几公里外的集镇买来韭菜。当女儿拒绝吃饭时，阿姨却伤心地流泪了。妈妈实在太生她的气了，忍不住才告诉了她。最后，妈妈说："你应该学会珍惜生活中所有的人，不管是处境不如你的，还是微不足道的，因为他们会让你懂得什么是生活。"

女孩听后，终于喝了两天来的第一口水。

母女俩要回家了，女孩已和这儿的孩子结下了友谊，此刻离去竟有些难舍之感。虽然那些人灰头土脸，衣着破旧，也从未尝过水的畅快淋漓，但可贵的是他们纯真的爱心，那是浇灌心灵的清泉。

女孩回来后的第二年，她邀请阿姨家的女孩到大都市看看。以后，没有妈妈陪伴的暑假，她还是要到甘肃去住一段时间，为了珍惜那里的淳朴和善良，为了珍惜自己生活的幸福，更为了珍惜同龄人的友谊。

珍惜生命中所有的人，特别是不鄙视那些生活条件不如我们的人，是他们让我们看到了生存的艰难和生活的丰富，让我们体会到了自己生活的幸福，而能怀着一颗感激之心去生活并且通过自己的努力去帮助别人，这不也是一种爱吗？

第五章　和善博爱，快乐坦然

　　有一种美丽，是看不见，摸不着的，它需要我们用心来感受，这种美丽就是善良；有一种气质，是至尊的，高贵的，它需要我们用心来品味，这种气质源自于善良。

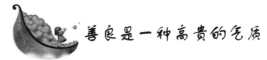
善良是一种高贵的气质

有一种美丽，是看不见，摸不着的，它需要我们用心来感受，这种美丽就是善良；有一种气质，是至尊的，高贵的，它需要我们用心来品味，这种气质源自于善良。

一个人的外表可以平凡，但内在的东西却可以使这个人不平凡。善良是一种高贵的气质，它可以令你在人群中发出非凡的光芒。

在竞争激烈的当今社会，善良同忠厚一样，不知不觉地变成了无用的别名，今天，再提善良，似乎显得有些过时或老土了，特别是现今的青年一代，更是对"善良"这个词熟悉而又陌生。

心与心的沟通，爱与爱的传递，本来是生活中稀松平常的举动。可是，为何有时爱心变成了奢望，善良也只能可望而不可即呢？反倒是那些看似毫不相干的人，在危难时伸出一双手，在渴望慰藉时掏出了一颗心。其实，爱是没有界限的，给善良设防的是冷漠的心。

有一劫犯在抢劫银行时被警察包围，无路可退。情急之下，劫犯顺手从人群中拉过一人当人质。他用枪顶着人质的头部，威胁警察不要走近，并且喝令人质要听从他的命令。警察四散包围，劫犯挟持人质向外突围。突然，人质痛苦地呻吟起来。劫犯忙喝令人质住口，但人质的呻吟声越来越大，最后竟然成了痛苦的呐喊。

劫犯慌乱之中才注意到人质原来是一个孕妇，她痛苦的声音和表情证明她在极度惊吓之下马上要生产。鲜血已经染红了孕妇的衣服，情况十分危急。

一边是漫长无期的牢狱之灾，一边是一个即将出生的生命。劫犯犹豫了，选择一个便意味放弃另一个，而每一个选择都是无比艰难的。四周的人群，包括警察在内都注视着劫犯的一举一动，因为劫犯目前的选择是一场良心、道德与金钱、罪恶的较量。

终于，他将枪扔在了地上，随即举起了双手，警察一拥而上，围观者竟然响起了掌声。

孕妇不能自持，众人要送她去医院。已戴上手铐的劫犯忽然说："请等一等好吗？我是医生！"警察迟疑了一下，劫犯继续说："孕妇已无法坚持到医院，随时会有生命危险，请相信我！"警察终于打开了劫犯的手铐。

一声洪亮的啼哭声惊动了所有听到它的人，人们高呼万岁，相互拥抱。劫犯双手沾满鲜血——是一个崭新生命的鲜血，而不是罪恶的鲜血。他的脸上挂着职业的满足和微笑。人们向他致意，忘了他是一个劫犯。

警察将手铐戴在他手上，他说："谢谢你们让我尽了一个医生的职责。这个小生命是我从医以来第一个从我枪口下出生的婴儿，他的勇敢征服了我。我现在希望自己不是劫犯，而是一名救死扶伤的医生。"

有时罪恶会被一个幼小的生命征服，不是因为他强大和伟大，而是仅仅在于他是一个需要生存权利的生命而已。而罪犯之所以放下了手中的枪，仅仅是一个幼小的生命勾起了他心中依然存在的善良和爱。

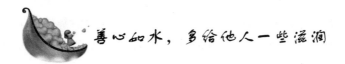

善心如水，多给他人一些滋润

离市区最远的云门山一向以贫穷偏僻而著称，近年来随着旅游热，竟有来自远方的大小车辆不断光顾。

云门山下住着一位心地善良的老人。老人有一口井，据说打到了泉眼上，因而不仅水量充裕，而且特别清澈、甘甜，冬天还可以洗脚治脚病。于是，不仅山下的村里人前来担水，就连那些前来旅游的人们都拥到老人的井旁，痛快地喝着井水。有不少旅游的人临走时用大壶小桶装得满满的，有的说带回去给家里人尝尝，有的说回去试试是否能治好自己的脚病。

老人没想到自己的一口井竟得到那么多见过大世面的城里人赞美，心里美滋滋的，嘴里不断地说着："这里也没啥稀罕东西，好

75

喝；就多喝点儿。这井水喝不坏肚子，愿意喝，管够你们。"

看到老人如此慷慨，很多游客就把身上带的好吃的、好喝的，争着、抢着往老人手里塞，说让老人品尝他没吃过的高级营养品。老人推让不掉，急忙把自己家的土特产往游客们口袋里塞。

山下的人劝老人卖水挣钱，老人回答说："能让人们喝到甜水是我最大的心愿。"

原来，老人在20世纪60年代是乡里修水库的人。一辈子修渠挖水的他最大的心愿就是给山下的村里人打一口甜水井，让他们不再为吃水发愁。

有一次，旅游的人中有一位省扶贫办主任。当他喝了老人的水，了解到老人的经历和心愿后，被深深感动了。回去后，他便到市里调查。后来，那位扶贫办主任又把打井的款项批下来。一年后，村里人都喝上了清凉的甜水。老人高兴地逢人就说实现了自己一辈子的愿望，这比什么都让他高兴。

善心如水，助人的行动比祈祷的双唇更神圣。

有这样一个故事，第二次世界大战时，欧洲战场打得异常惨烈。盟军最高统帅艾森豪威尔将军乘车回总部参加紧急军事会议。

这天，大雪纷飞，滴水成冰。忽然，将军看到一对法国老夫妇坐在马路旁边，冻得簌簌发抖。他立即命令身边的翻译官下车。一位参谋急忙阻止说："我们得按时赶到总部开会，这种事还是交给当地的警方处理吧！"

艾森豪威尔却坚持说："等警方赶到的时候，这对老夫妇可能早已冻死啦！"于是艾森豪威尔立即把这对老夫妇请上车，特地绕道将这对老夫妇送到家后，才风驰电掣地赶去参加紧急军事会议。

原来，这对老夫妇准备去巴黎投奔自己的儿子，但因为车子抛锚，前不着村，后不着店，正不知如何是好。

艾森豪威尔的善心义举得到了意想不到的巨大回报。原来，那天几个德国纳粹狙击手正虎视眈眈地埋伏在艾森豪威尔原来必须经过的那条路上。当时如果不是因为行善而改变了行车路线，将军恐怕就很难躲过那场劫难。

善心如水，多给他人一些滋润，自己也必将得到滋润。有机会给予别人一些东西，无论怎样微不足道，对别人来说都是慷慨的馈赠，而自己也会得到真诚的感激和酬谢，"无心插柳柳成荫"。而一味地贪图回报，则"有心栽花花不发"，收到的是无端的怀疑和必然的冷落。

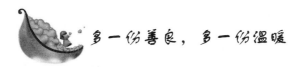

多一份善良，多一份温暖

现实生活中有不少冷漠自私的人，他们不愿为别人着想、不愿帮助别人，结果他们没有朋友，十分孤独，当遇到困难的时候，也没有人愿意帮助他们。冷漠自私、无视他人困苦的人，终究会被社会所抛弃。一个人在社会上行走，应将善心作为最好的投资，善心是人间最宝贵的财富，它就像山谷回声，你帮助的人越多，得到的回报就越多。

在古埃及有一位国王，他娶了一个非常美丽的王后。国王很爱她，不管这位年轻的王后提出什么样的要求，国王都会满足她。不过，王后并没有因此而感到快乐，她仍然常常紧锁着眉头。国王见了很是苦恼，于是向全国发布了征召名医的命令，来为王后治疗烦恼之病。

国内的众多名医来到宫中，可是他们都对王后的病一筹莫展，提不出有效的诊治方案。直到有一天，一位自称能治好王后病的魔术师走进王宫对国王说，他有一个绝妙的办法能使王后忧愁的脸庞充满笑容，让王后从心底里快乐起来。国王听了，非常高兴地说："如果你真的能治好王后的病，那我可以满足你要求的任何赏赐。"

魔术师的治疗方法非常特别，他用一些白色的东西在一张纸上涂了些笔画。然后，把那张纸交给王后，嘱咐她走入一间暗室，要她燃起蜡烛，注视着纸上的变化。交代完毕，魔术师就悄然离开了王宫。

这位美丽的王后遵命而行。在烛光的映照下，她看见那些白色的字迹化作美丽的绿色，然后变成了这样的几个字："每天为别人做

一件善事。"

王后看了心有所动，她把这张奇特的纸拿给国王看了，两人共同决定遵从魔术师的劝告，每天都为国民做一件善事。果然，王后慢慢变得快乐起来，她和国王成了全国最快乐的一对人。

生活中怀有一颗感恩之心，自然也会培养自己帮助别人、爱别人的善心。一颗善良的心、一种爱人的性情，一种坦直、诚恳、忠厚、宽恕的精神，是人生无价的财产。如果在年轻的时候养成全心全意为他人服务的精神，他的人生一定很精彩。给予他人以亲情和同情，给予他人鼓励与扶助，并不会因"给予"而有所减少。相反，给予他人愈多，自己所能回收的亲情、善意、同情、扶助也愈多。

将善心作为投资可以帮助你尽快找到人生的目的。关注我们周围的人，尽力帮助他们提高生活的质量，尽可能友善地对待别人，而不是只埋头关注个人的追求。这样，我们可以在使他人的生活获得升华的同时，自己也能得到升华。

俗话说："善有善报、恶有恶报。"多一份善良，我们的身边就多一份温暖，心灵就多一份感动。慈善原本平常心，我们每个人都是善心的营造者，善心就是最好的投资。

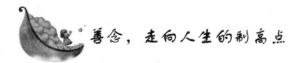

善念，走向人生的制高点

善念，就是善良的念头。善念，是万善之门，从这里可以走向人生的制高点；恶念，是万恶之源，从这里可以滑入恶的深渊。善念不是先天的，它是在道德教育、环境熏陶和社会实践中逐渐形成的。

善念来源于崇高的信念。信念是一个人对某一事物、主义、学说、理论、思想或宗教的信奉与尊崇。信念是人们言行的指南，是人生杠杆的支点，是支撑理想大厦的精神支柱。我们的信念，是追求真理、追求正义、追求光明、追求真善美，追求和献身于美好的事业。这样的信念一经在人们的头脑里生根，它就会成为人们的善念之源。

善念来源于正确的善恶观。善恶观是指人们对善恶的本质、起源、标准以及善恶评价的依据等问题所持的观点和态度。

一个人对善恶的无知是误入迷途最主要的因素。一个人只有树立了正确的善恶观，才能分清什么是善，什么是恶；才能抑恶扬善，走向光明。我们的善恶观，以广大人民的最大利益为善的标准，与之符合则为善，与之违背则为恶。这种善恶观的确定，就会强化自己为人民服务的善念，就会使自己的心中常存善念。

善念来源于"思无邪"的心理自觉，要做到"思无邪"，最重要的是克服自私自利的邪念。只有"思无邪"，才能善念生；只有善念生，才能德行正。

善念来源于后天的实践。善恶观念不是先天就有的，而是人们在后天的实践中形成的。善念是宝贵的，然而，只有经过实践把善念转化为善行的时候，才能实现善念的社会价值。因为善念是根，善言是花，善行是果。

常存善念，是一个人善言善行的思想根基，是一个人的崇高美德。有了这种美德，就可以乐善不倦，以善为宝，嫉恶如仇，从善如流。

要做到常存善念，就要经常自思内省，排除邪念。

常存善念，贵在自觉；克服恶念，贵在坚决。要做到这点必须开展积极的思想斗争，以是克非，以正克邪，以善克恶，把恶念、恶行消灭在萌芽状态之中。

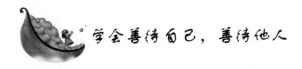

学会善待自己，善待他人

生活中只有你自己会真正关心自己的事情，其他的人即使亲如家人，如父母，或者你爱的丈夫或妻子，也会在不知不觉中忽视了你的请求。当你有了一定的经济基础之后，当一切可以用金钱买到的时候，就是你的需求在物质方面得到满足以后。那个时候的你就不应该有过多的物质欲望了，否则就是奢侈了。

很多时候，在生活中并不需要我们付出很多金钱和时光的代价，但是需要我们有爱惜自己的时光，浮生难得半日闲，其实抛开了就是抛开了，没有什么是不能做到的。还是那句老话"做得到有方法，做不到有理由"。给自己一个空间，放飞自己的心灵，释放自己的压力，放慢生活的脚步，学会享受生活。

有这么一个真实的故事：

赖梅尔在 32 岁的时候，作出了一个让所有人都大跌眼镜的行动。

赖梅尔是雀巢公司经理，有着不菲的收入和很高的社会地位。当她在斐济奥瓦劳岛旅游的时候，与当地一名部落村长的儿子一见钟情。

回英国后，她毅然决然地放弃了年薪 45 万英镑的工作，来到了斐济和部落村长的儿子过着柴米夫妻的生活，晨可看朝晖，夕可看落日，用嫩树枝刷牙，晚上席地而眠，每天吃鱼和水果，过着土著人的生活。

有的人可能会觉得不可思议，有的人可能会说"一定是疯了"。但是这确实是一个真实的故事。初看似有些矫情冲动，以为不过是哗众取宠；或者以小人之心揣测她：钱挣多了，想尝尝异域的风情也未可知；再有就是担心他们能持续多久。但有一点可以肯定，此时，他们是幸福的，充分享受着阳光和爱情。赖梅尔在作出这样的举动的时候，她想到的不是金钱和地位，而是怎么样才能让自己过得开心和高兴。

善待自己其实是一种哲学，这就要求我们从一点一滴做起。每天清晨的一杯淡盐水可以净化肠道，清除体内毒素；每天一杯酸奶可以调节体内的益生菌；每天一杯蜂蜜茶、一杯绿茶、几片维生素，一切对身体有利的东西其实并不需要多么奢华的物质。生活中的健康规矩其实很简单，简单到你在清晨的清新空气中做一个深呼吸，晚上让自己放下一切的烦恼，静下心来听听大自然的声音，在瑜伽音乐中打坐、冥想，放松自己的心境。

善待自己其实是一种智慧。当你为了家庭、为了子女的未来而忘我工作的时候，可曾想到过度的劳累会伤害自己的健康。年轻的时候为了人生的一个一个斗争目标，为了金钱、荣誉、位置，为了要出人头地而不顾一切，辛辛苦苦地去尽力、去争取，而忘记了生命中最可贵的东西其实是你的健康、是你的生命。

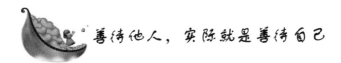

善待他人，实际就是善待自己

一位哲人曾经说过："如果我想树立敌人，只要处处超过他、压住他就行了。但是如果想赢得朋友，你必须让朋友超过你。"学会从别人的角度去考虑问题，那么你便能和周围的人相互接纳而免于陷入封闭和孤独之中。这一点是我们融入社会的最佳途径，也是用感恩的智慧处世的一个哲学方法。

从前，有两个村庄，这两个村庄在一片茫茫沙漠的两边。要想到达对方，有两条路可以选择，一是绕过沙漠，至少需要马不停蹄地走上二十多天；二是横穿沙漠，只需要三天就可以抵达。但是横穿沙漠实在太危险了，许多人试图横穿却无一生还。

一天，一位僧人经过这里，让村里人找来了几万株胡杨树苗，每半里一棵，从这个村庄一直栽到了沙漠那端的村庄。僧人告诉大家说："如果这些胡杨有幸成活了，你们可以沿着胡杨树来来往往；如果没有成活，那么每一个行者经过时，都将枯树苗拔一拔、插一插，以免被流沙给淹没了。"

果然不出僧人所料，这些胡杨苗栽进沙漠后，全都被烈日给烤死了，成了路标。

沿着"路标"，这条路大家平平安安地走了几十年。

一年夏天，村里来了一个过路人，他坚持要一个人到对面的村庄去。大家告诉他说："你经过沙漠之路的时候，遇到要倒的路标一定要向下插深些，遇到就要被淹没的路标，一定要将它向上拔一拔"。

路人点头答应了，然后就带了一皮袋水和一些干粮上路了。他走啊走啊，走得两脚酸困，浑身乏力，一双草鞋很快就被磨穿了，但眼前依旧是茫茫黄沙。遇到一些就要被沙子彻底淹没的路标，这个路人想："反正我就走这一次，淹没就淹没吧。"他没有伸出手去将这些路标向上拔一拔。遇到一些被风暴卷得摇摇欲倒的路标，这个路人也没有伸出手去将这些路标向下插一插。

就在路人走到沙漠深处时，静谧的沙漠蓦然飞沙走石，许多路标被淹没在厚厚的流沙里，或者被风暴卷走了，没有了踪影。路人像没头的苍蝇似的东奔西跑的，再也走不出这大沙漠了。在气息奄奄的那一刻，路人十分懊悔：如果自己能按照大家吩咐的那样做，那么即便没有了进路，也可以拥有一条平平安安的退路啊！

有一句话是这么说的："帮助别人往上爬的人，会爬得最高。"故事中的路人就是不明白这个道理，是的，给别人留路，其实就是给我们自己留路。幼年时，如果你帮助另一个孩子爬上了果树，你就会得到了你想尝到的果实，而且你越是关心帮助别人，你能尝到的果实就越多。

当然，我们所说的给别人留条路并不是巴结和奉承，而是在取悦别人的同时也时刻保持一份健康积极的心态，拥有自己的一片天空，唯有如此，我们的心灵才不会"无枝可依"，也才能够与自己所处的现实建立一种和谐的关系。

如果别人之前帮助过你，你就要抱有感恩之心，幸运之神自然也会眷顾你的。给别人留路，其实就是给自己留路。善待他人，实际上也就是善待自己。

有一个脾气很坏的男孩，经常向自己的家人和朋友发脾气。

有一天，他的爸爸给了他一袋钉子，告诉他，每次发脾气或者跟人吵架的时候，就在院子的篱笆上钉一颗钉子。第一天，男孩钉了 25 根钉子。后面的几天他学会了控制自己的脾气，每天钉的钉子也逐渐减少了。他发现，控制自己的脆气，实际上比钉钉子要容易得多。终于有一天，他一颗钉子都没有钉，他高兴地把这件事告诉了爸爸。

爸爸说："从今以后，如果你一天都没有发脾气，就可以在这天拔掉一颗钉子。"日子一天一天过去，最后，钉子全被拔光了。爸爸带他来到篱笆边上，对他说："儿子，你做得很好，可是看看篱笆上的钉子洞，这些洞永远也不可能恢复了。就像你和一个人吵架，说了些难听的话，你就在他心里留下了一个伤口，像这个钉子洞一样。"

插一把刀子在一个人的身体里，再拔出来，伤口就难以愈合了。无论你怎么道歉，伤口总是在那儿。要知道，身体上的伤口和心灵上的伤口一样都难以恢复。你的朋友是你宝贵的财产，他们让你开怀，让你更勇敢。他们总是随时倾听你的忧伤。你需要他们的时候，他们会支持你，向你敞开心扉。

伤害朋友的同时也为自己的后路截断了一个出口，朋友是我们一生中的财富，伤害朋友的同时也会伤害我们自己。获得一个朋友不容易，失去一个朋友，却很简单。人生短短几十年，我们为什么要做伤害别人的事情而不去做感恩他人的事情？珍惜他人，就是珍惜我们自己。

刘备临终前给他的儿子刘禅说：勿以恶小而为之，勿以善小而不为。虽然这世间有太多烦恼，但是只要你拥有一颗平常心，善待他人，关心他人。遇事不要总是为自己考虑，就会获得快乐。

功名利禄，恩仇小利，其实统统是身外之物。很多人不愿意放弃自己所拥有的东西，其实就是不懂得善待自己，虽然这些东西曾给你带来过快乐，但是它就像手中的沙子，你越想把它抓得紧，它就越是从你的指缝中溜走。拥有一颗平常、宽容的心，善待自己的同时善待他人，你就会更快乐，就会拥有更多的朋友。

给别人留条路，就要善待自己。试想如果连自己都不好好对待的人，会指望着他对别人好吗？在生活中，我们看到许多并不漂亮的人，但是她们肯用心将自己打扮得体、大方，事实上就是对自己生命的一种尊重，也是对别人的一种尊重，如果连欣赏自己的能力都没有，还能指望别人去欣赏你吗？一个人，把自己的事情做好了，读懂了自己，善待了自己，便拥有了瑰丽的人生。

当我们走过这风雨一生，暮年时我们只能追着太阳眯眼的时候，感谢岁月留在我们外表与内心的皱纹，看着那一道道凄美的雕塑，

83

不因愧对社会和他人而产生无尽的悔意，不因错失爱惜自己而感叹生命短暂，人生的一切因你的感恩、宽容、豁达、坦然而受到褒奖，也为自己走过的一生而喝彩。

给别人留条路，是人生追求的至高境界。人生的过程就是一路风雨，风雨中我们尝试着漫长与孤独，而在这种孤独中我们寻求到了释放的能量，那就是感恩！怀揣一颗感恩的心，对待身边的人和事，不要因为一粒粉尘一时迷蒙了眼睛，就否认整个世界的明亮。

所以，当有些事情已经判定无能为力，即使耗尽了自己所有的力气依然没有办法改善时，就要换一个角度，想想他人的不容易。因为，为别人着想就是为自己着想，想着他人的不容易就是给自己铺条路。

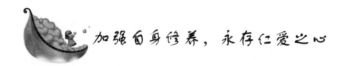

加强自身修养，永存仁爱之心

人间需要每个人都永存爱心，然而这却是一件很不容易的事。要做到永存爱心需要从以下几个方面加强修养：

1. 有自爱之心

自爱心是人的本性，是个体生存的基本特征。自爱心的进一步发展，就会产生自尊心、羞耻心、责任心和自信心，这有助于塑造自我道德形象。

人若没有自爱心，生命便缺乏根基。正如鲁迅所说："无论何国何人，大都承认'爱己'是一件应当的事。这便是保存生命的要义。也就是继续生命的根基。"自爱包含着对自己做人的准则、人生意义、道德信仰、价值观念、人格荣辱等诸方面的理解、信奉和实行。它体现着一个人对真、善、美的珍视和追求。

2. 有爱人之德

一个人如果只能自爱而不能爱人，那只能说是一种低层次的狭隘的爱；人只有做到爱人如己，以爱己之心爱人，才算有了爱人之德。正如古人所云，"以爱己之心爱人则尽仁"。

3. 有利人之行

在社会生活中，"爱语"会给人们带来温暖和快乐，甚至有"回天之力"。但是，人们之间的相爱，不能只停留在漂亮的语言上，而要体现在实际的行动上。佛教有这样一句格言："一个救人性命、出于纯正之爱的行动，比在侍奉佛祖的宗教活动中献祭大象和马匹而度过一生时光要更伟大。"

真正的仁爱具有真诚性、利他性和无私性。爱的本质是给予而不是索取。真正的仁爱之心是不期望回报的，而是基于高度责任感和同情心。然而，人际关系也常常像自然界一样，种瓜得瓜，种豆得豆，播什么种子结什么果。正如墨子在《兼爱》篇中所云："夫爱人者人必从而爱之，利人者人必从而利之，恶人者人必从而恶之，害人者人必从而害之。"现实生活中，许多宽厚的人，常有"己愈予人己愈多"的感受。在人们之间的交往中，总是有思想感情的交流与沟通。把自己的感情真心实意地奉献给他人，而自己的感情并不会因"给予"而减少，相反，我们给予他人的愈多，那么自己所得的也会愈多，从而也就使自己的思想境界更加丰富、高尚。

4. 有仁德之道

古人讲仁爱，并非让人们去爱一切人，而是教导人们要"爱之以道"、"爱之以德"。孔子主张"爱有差等"，能爱能憎。

子贡问孔子：君子有憎恶的人吗？

孔子肯定地回答说：有憎恶的人。憎恶一味传播别人坏处的人，憎恶处在下面而毁谤上面的人，憎恶勇敢而不懂礼节的人，憎恶刚愎自用，而且顽固的人。

孔子问子贡：你也有憎恶的人吗？

子贡说：我憎恶把偷取别人成绩当作聪明的人，憎恶把不谦虚当作勇敢的人，憎恶把攻击别人短处当作正直的人。

从孔子与子贡的这段对话可以看出，仁爱还有另一面，即能判断善恶、分清是非、坚持原则。无是非者无所爱，唯明理者方能爱。我们要当爱则爱，当恨则恨。正像鲁迅所说："横眉冷对千夫指，俯首甘为孺子牛。"爱是观念的东西，是客观实际的道德产物。毛泽东说："世上没有无缘无故的爱，也没有无缘无故的恨。""我们不能爱敌人，不能爱社会的丑恶现象，我们的目的是消灭这些东西。"如若对错误的东西、丑恶的现象和罪恶的人一味讲爱，那就会姑息养奸，把"爱"变成了"害"，不仅失去了仁爱的价值，而且会走向事物的反面，结出"过爱不义"的恶果。从这个意义上说，能憎才能爱。

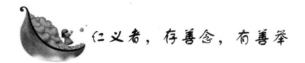

仁义者，存善念，有善举

怀善念，若无善举，善仍不是真善；有爱心而不去做，爱犹如虚名。仁义者，存善念，有善举，救苦救难，播撒爱心。

仁义是一种善举。当你不择手段寻求私利、满足私欲的时候，你便离恶的深渊不远了。善与恶作为两种界限分明的行为，每个人都有选择的权利和机遇。或者说，人降生到这个充满物欲的世界上，其一举手一投足都深刻着善与恶的印迹。

选择善举，其实是选择一种人生态度。大自然很公平，它给予每个人的生存空间、时间和物质大致相同，谁也不能占有别人的，占有即是剥夺。大自然又太不公平，它常常将一些人推向生命的绝境，使之苟延残喘于饥饿、贫穷和凄凉悲惨的旷野。这就需要爱的相助。如果人人都献出一颗爱心，那么，生活的大地上就不会长出仇恨的杂草和魔鬼的"庄稼"。因为，爱心是善行的种子。种豆得豆，种瓜得瓜！

选择善举，其实也是选择一种品格。品格是道德风范的外化。有一位哲人说："爱虽给你们加冠，也将钉你们在十字架上；它虽栽培你们，也将修剪你们。"我们虽然选择了善举，但也将受到道德的约束，每时每刻都要反省自己、警策自己，这就是品格的修养。一个品格高尚的人，其善举的脚步如同流水向东，是不需要号令和推动的。

选择善举，我们这个世界将会更加美好。选择善举，虽然我们不一定会太富有，心灵世界却可以与大千世界融为一体。

当爱的种子在心田播种，人间便处处都是鲜花盛开的春天。

禅学中有这样一个故事：

在一片森林深处，生活着一群鹿。鹿王十分仁慈，非常爱护自己的部下，因而森林里的鹿都很尊敬它、爱戴它，跟随它的鹿也越来越多。

有一天，鹿王带领群鹿寻觅食物，它们边走边玩耍，不知不觉来到国王的皇家林苑里。

一个牧人发现了它们，就去报告国王。喜欢打猎的国王听了很高兴，派了许多士兵包围这个林苑。士兵的吵嚷声惊动了鹿群，等大家意识到将要发生什么事时，已经太晚了，它们已被团团围住。在这危急关头，鹿王心里非常难过，也非常懊悔，它想："就是因为我没有及早防备，才使得群鹿陷于重围。面临这样的危险，哪怕拼了命，我也要救大家出去！"鹿王灵机一动，跑到离围栏不远的地方，跪下两只前腿，对鹿群喊道："快！蹬着我跳出围栏，你们就能活命了！"

于是群鹿一只接着一只都蹬着鹿王跳出了围栏，获得了自由。鹿王却因而身受重伤，血流不止，扑倒在地，动弹不得。那些已经逃出去的鹿看到鹿王身受重伤，都在围栏外边自动聚拢过来，哀声啼叫，不肯离去，丝毫没有想到自身的危险。

国王看到鹿王身受重伤，血流遍地，而其他的鹿都站在栏杆外边悲哀地望着它，忙问道："这是怎么回事？"鹿王回答说："皇上！是我没有管教好群鹿，为了寻找草场而侵犯了您的林苑，我的罪是很深重的。现在，我身体受了重伤，肉也残缺不全，但内脏仍是完好无缺的，我情愿供给您做一顿早饭，但请不要杀害其他的鹿！它们没有错。"

国王听了这番话，感动得热泪直流，说："你虽然是牲畜，却具有天地间最高尚的慈善心肠，愿意牺牲自己来拯救别人；而我身为国王，却要杀害生灵，真是罪恶深重啊！"

群鹿看到鹿王伤势严重，都围拢过去用舌头轻轻地舔它的伤口，又从远处的树林里、山崖边找来草药，悉心地敷在鹿王的伤口上。

国王目睹这一幕动人的情景，擦着泪叹息道："君王对百姓慈爱

87

关怀，百姓才会爱戴、拥护君王。鹿王实在是仁义之君啊！"

深受感动的国王为了避免这样的事件再发生，特地颁布了一道命令："从现在起，全国一律禁食鹿肉！"并下令毁掉一切捕鹿的工具。从此，国王心怀慈悲，不再杀生，处处关心百姓的疾苦，成为全国百姓尊敬、爱戴的领袖。

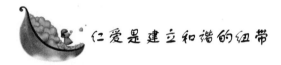

仁爱是建立和谐的纽带

我们大多数人都是因为贪得无厌、自私自利的心理，以及无情、冷酷的商业行为，以至于爱心被蒙蔽，只能看到别人身上的坏处，而看不到他们的好处。假使我们真能改变态度，不一味去指责他人的缺点，而多注意一些他们的好处，则于己于人均有益处。因为有了我们的发现，他人也能自觉到他们的好处，因此得到兴奋与自尊，从而更加努力。假使人们彼此间都有互爱的精神，这种氛围一定可以使世界充满爱和阳光。

仁爱之心，是人类生存和社会发展最基本的精神力量。爱心能融化人的孤独感和分离感，能使人与人的关系和睦温馨，能打破人们心中的"围墙"，是建立和谐人际关系的纽带。

世界不能没有爱，爱对于我们就像空气、阳光和水。爱是一宗大财产，是一笔宝贵的资源，拥有了这种财产和资源，人生就会变得富有、幸福，人生就会步入成功的顶峰。

从前，有个国王，十分疼爱他的儿子。这位年轻王子的欲望和要求都能得到满足。父王的钟爱与权力，可以使他得到一切他想要的东西，尽管如此，他却常常眉头紧锁、面容戚戚。

有一天，一个魔术师走进王宫，对国王说："我有方法使王子快乐，把王子的戚容变作笑容。"国王很高兴地说："假使能办到这件事，你要求任何赏赐，我都可以答应。"

魔术师将王子领入一间私室中，用白色的东西在一张纸上涂了些笔画。他把那张纸交给王子，让王子走入一间暗室，然后燃起蜡烛，注视着纸上呈现些什么。交待完魔术师就走了。

这位年轻的王子遵命而行。在烛光的映照下，他看见那些白色的字迹化作美丽的绿色而变成这样的几个字："每天为别人付出一点爱心！"王子遵照魔术师的劝告去做，很快就成了王国中最快乐的少年。

真正的爱乃发源于心。换言之，爱是从圣洁之心、善良之心、无伪之心生长出来的，是从高尚人格中生长出来的。

一个人的生命，有助于他人，充满喜悦、快乐，才有价值和意义。那种对人人付出爱心的习惯，和对人人抱着亲爱友善的精神所产生的喜悦和快乐，才能称为幸福。我们只有有所"给予"，才能有所取得，我们的生命才能生长。

有一次，一位哲学家问他的一些学生："人生在世，最需要的是哪一件事？"答案有许多，但最后一个学生说："一颗爱心！"那位哲学家说："在这'爱心'两字中，包括了别人所说的一切话。因为有爱心的人，对于自己则能自安自足，能去做一切与己适宜的事，对于他人，他则是一个良好的伴侣和可亲的朋友。"

一颗善良的心，一种爱人的性情，一种坦直、诚恳、忠厚、宽恕的精神，可以说是一宗巨额财产。百万富翁的财产，若与这种丰富的财产相比较，则是区区不足挂齿了。怀着这种好心情、好精神的人，虽然没有一文钱可以施舍他人，但是他能比那些慷慨解囊的富翁行更多的善事。

假使一个人能够大彻大悟，能尽心努力地为他人服务，为他人付出爱心，那他的生命就更有意义。最有助于人的生命发展的，莫过于从早年起，就拥有爱心以及养成懂得爱人的"习惯"。

尽管大量地给予他人以爱心、同情、鼓励、扶助，因为那些东西在我们本身是不会因"给予"而有所减少的。我们把爱心、善意、同情、扶助给人愈多，则我们所能收回的爱心、善意、同情、扶助也愈多。

人生一世，所能得到的成绩和结果常常微乎其微。此中原因，就是在爱心的给予上显然不够大方。我们不轻易给予他人以我们的爱心与扶助，因此，别人也"以其人之道，还治其人之身"，以致我

89

们也不能轻易获得他人的爱心与扶助。

　　常常向别人说亲热的话，常常注意别人的好处，能养成这种习惯是十分有益的。人类的短处，就在于彼此误解、彼此指责、彼此猜忌，我们总是盯着他人的不好、缺憾、错误的地方而批评他人。假使人类能够减少或克服这种误解、指责、猜忌，能彼此相互亲爱、同情、扶助，那么梦寐以求的欢乐世界就能够盼望了。

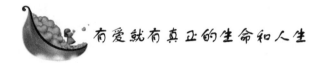

有爱就有真正的生命和人生

　　在一家医院里，同时住进了两位病人。当化验结果出来后，甲当即列了一张告别人生的计划单离开了医院，而乙却住了下来。

　　住下来的乙每天衣衫褴褛，神情萎靡，但医生仍按平常的惯例来询问他："先生，您想吃点儿什么吗？"乙摇了摇头，默不作声。

　　"先生，那您有什么喜好吗？"医生想用心理疗法来给他治疗，但乙还是摇了摇头。医生不甘心地又问："你没有家？""没有。与其承担家庭的负累，不如干脆没有。"年轻的乙说。

　　"你没有你的所爱？"

　　"没有，与其爱过之后便是恨，不如干脆不去爱。"

　　"没有朋友？"

　　乙叹了一口气说："唉！没有。在这个世界上，除了我自己的躯体外，我一无所有。朋友与其得到还会失去，不如干脆没有。没人爱我，我又何必去费心费力地爱别人呢？"

　　医生听了之后，叹了口气，转身走了出去。他说："我医治过成千上万的病人，每次都是全力以赴，但这个病人，我想是彻底没有希望了。"

　　而甲出院后，便开始了游历。首先去了他童年居住的地方，看望了那些抚养他长大的亲人；第二个月，又以惊人的毅力和韧性到三亚旅游，领略了梦中向往的天涯海角的风光；第三个月，他登上了天安门，还去大学拜见了一个自己心目中向往的导师；第四个月，寻找往昔的朋友相聚了一次。下半年实现了他写一本自传的夙愿，把自己奋斗的历程和一些处世哲理送给了自己的女儿。

他说："为了那些爱我的人和我爱的人，我要好好活过每一天，不留遗憾地离开这个世界。现在我才体会到心中有爱，生活就充满希望，有爱就有真正的生命和人生。"

其实，那时甲患了绝症，而乙短期治疗即可痊愈，但一个对生活没有任何留恋的人生活还会有希望吗？一个没有爱心的人单靠医生的医治，也无法使自己好转起来啊！

20 世纪 80 年代，在卢旺达内战期间有一个真实的故事：

一个叫热拉尔的人，37 岁。他的一家有 40 口人，父亲、兄弟、姐妹、妻儿几乎全部在内战期间离散丧生。最后，绝望的热拉尔打听到 5 岁的小女儿还活着，他辗转数地，冒着生命危险找到了自己的亲生骨肉后，悲喜交集，将女儿紧紧搂在怀里，第一句话就是："这就是我生活的希望。"

饱经战乱之苦的热拉尔从女儿身上重新感受到了生活的希望，有了女儿，有了爱，就是再大的挫折也不会将自己击垮，再大的凄风苦雨自己也能从容走过。

"爱是人类所能期望的最终极目标。"在这个世界上，人们之所以身临绝境也没有放弃生活的希望，就是因为世界上有值得自己爱的。

爱是改变这个世界唯一的力量和信念。心中有爱的人即便是在风餐露宿流浪的人群中，生活都会有希望，敢把梦想变成现实。而没有亲情和被爱遗忘的人，活着也是行尸走肉，他们把心灵带进了坟墓。正是爱，才使我们的生命有了质的不同。

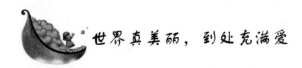

世界真美丽，到处充满爱

人生路上虽说有坎坷，也正是这坎坷，才让我们体会到活着多么幸福。把爱放在心中最柔软的地方，我们只要为生命中值得去爱的人生活就足够了，而不去想是否能得到回报。只要心中有爱，哪怕苦难，哪怕伤痛，都无法阻挡奇迹的发生。大千世界，瞬息万变，只有爱心是永恒的，只有爱心是强大的。人生之路虽然漫长，但这条路上人们献出的爱和得到的爱是最多的。生活中我越来越感受到：世界真美丽，到处充满爱。我们都要做一个有爱心的人，为你，为我，也为他。

弟弟躺在婴儿床上不住地哭，屋子里弥漫着一股药味。

爸爸妈妈告诉朱莉亚，迈克病得很重。她并不清楚迈克到底得的是什么病，只知道弟弟不太高兴。他老是哭，现在也是。朱莉亚轻轻抚摸着弟弟的小脸，细声细语地说："迈克，别哭了。"迈克果然不哭了，盯着姐姐看，眼里闪着泪花。她牵扯起他的小手，他满是汗水的手指求救般地抓住了她的一根指头，朱莉亚安慰地紧握了一下。这时，她听到父母在隔壁房里说话。朱莉亚虽然只有 6 岁，但她知道，当大人压低声音说话时，就是在讨论重大的事情。朱莉亚透过父母那个屋子的门，隐约听到：

"开刀太贵了，我们付不起。我最近连账单都付不出了。"这是父亲的声音。母亲回答："老天保佑，现在只能靠奇迹来救迈克了。"

"奇迹，奇迹是什么？"朱莉亚感到疑惑，"他们为什么不去弄一个来？"她跑进房间，从存钱罐里倒出了唯一的一块钱硬币，她要去买个奇迹给弟弟。朱莉亚跑进街对面的超市，收银台前人们在排队付账。好容易轮到她了，朱莉亚把那枚攥得热乎乎的硬币递过去，收银员看见是个脸色红扑扑的小女孩，便弯下腰微笑着问道：

"小妹妹，你要买什么？""谢谢，我要买个奇迹。"

"什么？对不起，你要买什么？"

"嗯，我弟弟迈克病得很重，我……我要买个奇迹。"

收银员不解地摇摇头，她对周围的人说："谁能帮助这个小孩？我们没卖过什么奇迹啊！"

一个穿着体面的先生问："你弟弟需要什么样的奇迹？"

"我不知道，爸爸妈妈说迈克病得很重，他需要动手术。"

穿着体面的先生弯下身，拉着朱莉亚的小手："你有多少钱？"

朱莉亚说："一块钱。"

他拿起一块钱："嗯，我想，现在一个奇迹大约就是这个价钱。我们去看看你弟弟，也许我有你需要的那个奇迹。"

几个月后，朱莉亚看着站在婴儿床上的弟弟在高兴地玩耍。她的父母正和那位穿着体面的先生交谈着什么。朱莉亚的妈妈一再要求大夫把医疗费的账单拿给她看，好设法筹借支付这笔费用。大夫答应很快会把账单寄来。

几天后，朱莉亚一家终于收到了大夫寄来的信，打开一看是一张收费凭证单，上写着全部医疗费用我已经收下：一块钱和一个小女孩的一颗爱心。

一颗爱心能挽救生命，一颗爱心能创造奇迹。心中有爱，我们才愿意付出，愿意去寻找奇迹。而奇迹往往尾随着爱心而来。

电视的讲述栏目中看到这样一个故事：有一个小女孩刚出生不久就得了脑疾病。他的父母是普通的农民，无力支付庞大的医药费。医院知道后免费为她动手术，她的父母十分感动。社会上的许多好心人知道了，纷纷捐钱，很快凑集数万，让她住院治病。这个女孩得救了，现在还十分聪慧，没有人能看出她小时候得过脑疾病。

这个故事中所有为女孩提供帮助的人和她的父母一样都是有爱心的，让她得到一次新的生命。她一定深刻体会到爱心的温暖与伟大，因为她发誓要好好学习，长大也像那些好心人一样关心帮助那些需要帮助的人。

第五章　和善博爱，快乐坦然

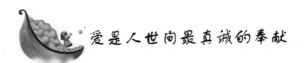

爱是人世间最真诚的奉献

爱是人世间最真诚的奉献。其实，因为有了奉献，社会的物质财富和精神财富才会不断增加，人类才会不断进步与发展。奉献者收获的不仅是一种幸福，一种情感，更多的是他人的尊敬与爱戴，还有什么比这对我们更重要的呢？婚姻与爱情的核心是奉献，而不是交易。爱情是存在于共同分享兴趣、爱好、成功或失败的一种态度，一种精神。有了爱，有了为对方奉献的意愿，才能使双方感到

93

必须一起生活。

一个女人到"家庭问题咨询中心"向心理医生抱怨自己的婚姻不幸。她认为丈夫根本不爱她，"我把自己嫁给了他，他却一点都不在乎我。我是多么不幸啊！"

听了女人的抱怨，心理医生给她讲了这样一个寓言故事：

猪向奶牛抱怨："你们做牛的，只不过奉献一点副产品，人们便偏爱有加，而我们做猪的，把肉给人类做火腿，甚至把肠子都奉献出来，人们还是不喜欢我们。"

奶牛回答说："大概是因为我们活着的时候，就不断奉献的缘故吧。"

家庭能够幸福，并不是仅仅因为有了爱情，它还需要夫妻双方对家的奉献。相互的奉献，才能让家庭充满温馨。没有不付出就能得到的回报，也没有不需要奉献就能得到的幸福。善于给予的人是聪明的，因为他懂得，为家、为爱人、为亲人的奉献，总能得到超值的回报。

门德尔松是德国知名作曲家，他的作品被世人广为传诵。然而他的祖父有一段美丽的爱情故事，却鲜为人知。

他祖父是一位外貌极其平凡、五短身材的古怪可笑的驼背人，但就是这样一个有缺陷的人却用爱赢得了幸福家园。

一天，门德尔松的祖父到汉堡去拜访一个商人。这个商人有个心爱的女儿弗西。她长得如花似月，有着天使般的脸孔，他一看到便爱上了她，但却因自己外貌的畸形而遭到拒绝。

但门德尔松的祖父不甘心就此离去，他鼓起了所有的勇气，上楼到弗西的房间，可让他十分沮丧的是，弗西始终拒绝正眼看他。

经过多次尝试性的沟通，他害羞地说："我听说，每个男孩出生之前，上帝便会告诉他，将来要娶的是哪一个女孩。你相信姻缘天注定吗？"

没想到弗西眼睛盯着地板答了一句："相信，但天注定也不会是你这样的驼背！"然后她得意地反问他："你相信吗？"

门德尔松的祖父回答："我出生的时候，上帝就告诉我了，你未来的新娘已经许配好了，她是个驼子。"

弗西听完忍不住大笑起来，"真有意思，一对驼背。"

可是门德尔松的祖父却不顾她的嘲弄，真诚地说："我当时向上帝恳求：仁慈的上帝啊！让一个女人驼背是多么悲惨。求你把驼背赐给我，我愿意背负她的不幸，求您把天使一样的美貌留给我的新娘吧！"

弗西听完这些话后，沉默了。她看着他的眼睛，看见里面有一种至深至爱的东西，那不是她常见的纨绔子弟浅薄的赞美。她内心深处被感动了，与一个甘心情愿为我承担不幸，而让上帝将美貌给予我的人结合，婚后一定能幸福。于是，她把手伸向了他，成了他最挚爱的妻子。

一个美满的家庭，也像一台行驶在漫长公路上的汽车，除了需把握好方向和加入燃料外，同时切莫忘记给车子加入润滑油，免得机器摩擦发生故障。

在婚姻这个世界里，无论两个人的地位如何，都是为对方创造和奉献着。有了珍惜爱情的思想，双方就会理解和宽容，就会保持温暖和谐的家庭气氛。所以幸福婚姻的意义是看她为他做了什么，是看他为她做了多少。能够真心奉献出宽容、爱心、智慧的人，他们因付出而得到更多的爱。

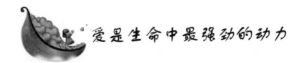

爱是生命中最强劲的动力

很久以前，两个城市的居民有冲突，很多年中，他们互有胜负。忽然有一天，住在高地的城市头领想出一个残忍的办法——把高地水库打开，结果处在洼地的城市就会被大水围困，注定就要被灭亡。

水库打开，呼叫之声不绝于耳。看到如此惨状，高地城市的人做出了一个人道的姿态，派船去营救落水人。但是，派遣的船只不多，只能容纳很少的人。他们头领喜欢女人，所以只让女人上船，并允许女人带一样自己最喜欢的东西。

洼地的女人立刻整理自己的行装，有的带上了自己的首饰、有的带上了自己的铜镜……她们想这样既保住了财产，还保住了自己的性命。唯一有一位妇女肩扛着自己的丈夫，奋力上船。

一个士兵阻拦道："船上只允许上妇女，不允许运男人。"

那位妇女说："这就是我最喜欢的东西。"

士兵无言以对，只好乖乖地让他们上船，在那次遇难中唯一幸存的男人就是那位妇女的丈夫。

是什么让女人有了这样的力量，毋庸置疑，这就是爱。拥有了这种爱，爱便成了相互依偎，一种抵御侵略，创造生机的力量。

唯有爱才是人的最丰厚和最庄严的奉献，是改变这个世界唯一的力量和信念。

一对老夫妻准备乘船一起去旅游，度过他们的金婚纪念日。

然而，就在他们怀着美好的期望，实现他们多年梦想的时候，船却发生了意外。他们乘坐的船，遭遇了轮船底舱起火即将爆炸沉船的险情。

船长看看形势危急，毅然让乘客们穿上救生衣、跳至橡皮筏上逃生。命令一下达，乘客们立刻穿上救生衣，开始了各自的逃生之旅。这可难坏了这一对老夫妻。因为，就在他们旅行前，这位丈夫刚刚出院，体弱多病的他，根本不能往下跳，这一举动的本身，就是将他带向死亡。于是，他对老伴说："我有病在身跳不了船，你就不要管我了，赶快逃生吧。"

妻子看了看丈夫，说："我一个人逃就是活下来又有什么意思？我绝不能把你扔在船上，我就守着你，咱们要死就死在一起。"

丈夫说："这怎么行？一辈子你跟着我没享到多少福，到了生死攸关的时候我不能拖累了你。"

老伴沉默了一会儿，又抬起头，深情地说："没有你了我活着还有什么意思？跟着你无论是死是活都是福。"

于是，这艘轮船上100多名乘客中唯一一对没有跳船的老夫妻，面对如潮的人们纷纷跳海逃生的情景，手拉手紧紧偎依着平静沉稳地迎接即将到来的不幸。也许是被他们忠贞不渝的感情感动了，一架终于能寻找到的软梯为他们搭上了一条通向生还的路。他们相扶着用相互给予的爱支撑着彼此，奇迹般地迈过了这道生死攸关的门槛。事后，老头感激地说："如果没有老伴陪着我，我是无论如何也活不下来的，是老伴帮我拣回了这条老命。"

因为有爱，他们才有勇气面对即将来临的死亡，也正因为有爱，他们才能穿越生死，寻找到爱的真谛。

爱是生命中最强劲的动力，世界长存的有信念、希望和爱，其中力量最大的莫过于爱。爱的力量足以震慑每个人的心灵，使懦弱的人坚强，邪恶的人善良。爱是温暖，是鼓励，是希望，它的光芒令你终身难忘。有爱，生活就有意义，生命就有价值。

爱是一盏照亮人生的灯

他和她结婚时家徒四壁，除了一处栖身之地外，连床都是借来的，更不用说其他的家具了，然而她却倾尽所有买了一盏漂亮的灯挂在屋子正中。

他问她为什么要花这么多钱去买一盏奢侈的灯呢，她笑着说："明亮的灯可以照出明亮的前程。"他不以为然，笑她轻信一些无稽之谈。

渐渐地，日子过好了。两人搬到了新居，她却舍不得扔掉那一盏灯，小心地用纸包好，收藏起来。

不久，他辞职下海，在商场中搏杀一番后赢得千万财富。像很多有钱的男人一样，他先是招聘了一个漂亮的女秘书，很快女秘书就成了他的情人。他开始以各种借口外出，后来就夜不归宿了。她劝他，以各种方式挽留他均无济于事。

这一天是他的生日，妻子告诉他无论如何也要回家过生日。他答应着，却想起漂亮情人的要求，犹豫之后他决定先去情人处过生日。

忙了一天的他到了情人那里时，情人早已睡下，更没给他准备饭菜和生日礼物，以为他在饭店早就吃过了。看看情人实在没有一点为自己过生日的情趣，他才想起妻子的叮嘱，半夜时分急匆匆赶

回家中。

　　远远地，他看见寂静黑暗的楼房里有一处明亮如白昼。走近时，他看出来正是自己的家。一种遥远而亲切的感觉突然在他心中升起。当初创业时，不论多晚，她都是亮着灯等他归来。只要听见楼下自行车响，她都会推开门看；听见他的脚步时，便急忙下楼帮他搬自行车。后来，生意忙了，应酬多了，妻子担心他喝酒太多磕碰着，更是在楼道里也安上了灯，一直亮着等他归来。

　　他走到自己的房门口还没掏钥匙，妻子已打开了房门。他看到一桌子丰盛的饭菜，没动一筷子。见他归来，她只是说："菜凉了，我去再热一下。"

　　他没有制止她，因为他知道她的一片苦心。吃好饭后，妻子拿出一个生日礼物送给他。他打开，是一盏精致的灯。她说："那时候家里穷，我买一盏灯是为了照亮你回家的路。现在我送你一盏灯是想告诉你，好歹在外面也有人为你点一盏这样的灯，惦记着你，关心着你，一直能陪伴着你，温暖一生，我就放心了。"

　　他终于动容，最终回到了妻子的身边。因为生活中好妻子就是一盏照亮自己一生的灯。

　　鲜花的浪漫是爱的一种表现形式，甜言蜜语是爱的一种表达方式。然而岁月变迁，浪漫却并非永恒，真正的爱到了最后只是窗前的一盏灯，等候爱人接近家门的声音。

　　一个女人选择送一盏灯给自己的男人，应该包含着多少寄托与企盼！爱是一盏灯，不管它是否能照亮一个人的前程，但它一定能照亮一个男人回家的路。因为这灯光是一个女人从心底深处用一生的爱点燃的。

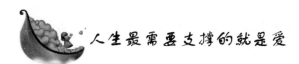

人生最需要支撑的就是爱

　　人生最需要支撑的就是爱，播下爱的种子，就拥有了一切，财富、成功、幸福，甚至生命。如果丢了财富，你只失去了一点；如果没了信誉，你失去了很多；如果没有爱，你就失去了全部。如果你拥有了爱，你就拥有了成功与财富。

一个妇人出门看到三位老者坐在她家门前，妇人与他们素不相识，她上前对他们说："你们一定饿了，请进屋吃点东西吧。"

"我们不能一同进屋。"老人们说。

"那是为什么？"妇人感到疑惑。

一个老人指着同伴说："他叫财富，他叫成功，我是爱。你现在进去和家人商量商量，看看需要我们哪一个。"

妇人回去和家人商量后决定把爱请进屋里。

妇人出门问三位老人："哪位是爱？请进来做客。"爱老人起身朝房子走去，另外两位也跟在后面。

妇人感到惊讶，问财富和成功："你们两位为什么也进来了？"

老人们一同回答："哪里有爱，哪里就有财富和成功。"

我们都不是独个地生活在这个世界上，这个世界最需要的支撑就是爱。无论你走到哪里，你都会发现，只要你真诚地爱别人，别人也会真诚地爱你，你就可以赢得爱的回报。

还有这样一则故事：

有一天，从他乡来了一个人，推开城门问道："住在这个城里的人们人品怎样？"老人反问道："你原来住的城里的人们如何？"他乡人答道："那里的人真够戗，都是一些互相猜疑、互相嫉妒、自私自利的人。我讨厌他们才离开了那个城市。"老人听了摇摇头说："你太可怜啦，住在这里的人们也和他们完全一样。我想你住在这个城里是不会得到幸福的。"听了这番话，他乡人含悲离去。

过了不久，又有一个人来到老人这里，提出同样的问题。老人也问他："你原来住的城里的人怎样？"那人便答道："都是一些很好的人，他们互相友爱，互相帮助，互相信任和互相理解。恐怕他们是世界上最有爱心的人。"于是老人说："那就太好了，年轻人！这里住着的人和他们完全相同，你会和他们相处得很融洽，你会喜爱他们，他们也会喜爱你的。"

生活就是这样，你播下什么就会收获什么，我们如何对待别人，别人就会同样对待我们，就像种子撒在泥土中，到了春天会开出美

丽芳香的鲜花。

下面这则故事中，史佩拉正是因为爱而获得了生命。

1930年，西蒙·史佩拉传教士每日在乡村的田野中漫步。无论是谁，只要经过他的身边，他就会热情地向他们打招呼问好。其中有个叫米勒的农夫是他每天打招呼的对象之一。

当传教士第一次向米勒道早安时，这个农夫只是转过身去，像一块石头般又臭又硬。因为在这里犹太人和当地居民处得并不太好，成为朋友的更是绝无仅有。不过这并没有打消传教士的勇气和决心。一天天过去了，他始终以温暖的笑容和热情的声音和米勒打招呼，终于有一天，农夫向教士举举帽子示意，脸上也第一次露出一丝笑容了。这样的习惯持续了好多年，一直延续到纳粹党上台为止。

史佩拉全家与村中所有的犹太人都被集合起来送往集中营。史佩拉被送往一个又一个营，直到他来到最后一个位于奥许维滋的集中营。

从火车上被放下来以后，他就等在长长的行列之中，静待发落。在行列的尾端，他远远地看到营区指挥官拿着指挥棒一会儿指向左，一会指向右。他知道发派到左边的就是死路一条，右边则还有生还机会。他的心脏怦怦跳动着，愈靠近那个指挥官就跳得愈快，因为他清楚这个指挥官有权将他送入焚火炉中。

他的名字被叫到了，然后那个指挥官转过身来，两人的目光相遇了。教士静静地朝指挥官说："早安，米勒先生。"米勒的一双眼睛依然冷酷，但听到他的招呼时突然抽动了几秒钟，然后也静静地问道："早安，西蒙先生。"接着，他举起指挥棒指了指说："右！"他边喊还边不自觉地点了点头。

教士懂得上帝爱人的本意是撒播爱，爱在生死关头救了自己。

学会让别人快乐

100

第六章　乐观豁达，开心快乐

　　拥有快乐的心态可以让我们的生活更美好。玛格丽特·柯贝特发现，人在快乐的思维中记忆大大增强，心情也很轻松。精神医学证明，在快乐的时候，我们所有的内脏会发挥更有效的作用。

快乐的心态让人生更绚丽

拥有快乐的心态可以让我们的生活更美好。玛格丽特·柯贝特发现，人在快乐的思维中记忆大大增强，心情也很轻松。精神医学证明，在快乐的时候，我们所有的内脏会发挥更有效的作用。几千年前，贤明的老所罗门王有一句格言："快乐的心有如一剂良药，破碎的心却吸干骨髓。"

哈佛大学的心理学家研究了快乐与犯罪行为的关系之后，得出结论发现古老的荷兰格言"快乐的人家不邪恶"，在科学上是站得住脚的。他们发现，大部分罪犯出身于不幸的家庭，或有一段不快乐的经历。耶鲁大学对"挫折"做过10年研究，结论发现，我们所说的不道德和对他人的敌意，很多是因为自己的不幸才造成的。辛德勒博士说："不快乐是一切精神疾病的唯一原因，而快乐则是治疗这些疾病的唯一药方。"

平时我们对于快乐的普遍看法常常是本末倒置的。我们说："好好干，你会快乐。"或者对自己说："如果我身体健康、有所成就，我就会快乐。"或者教别人"仁慈、爱别人，你就会快乐。"其实更正确的说法是："保持快乐，你就会干得好，就会更成功，就会更健康，对别人也就更仁慈。"

快乐需要拥有克服困难的心理与行动，需要有乐观面对困境的心态。如能这样，人生定会美丽。

快乐是一种可以培养的心理习惯。亚伯拉罕·林肯说："只要心里想快乐，绝大部分人都能如愿以偿。"

快乐是我们每个人所追求的目标，但现代人往往迷失于名利、金钱等追求中，而忽略了真正的快乐。

如果这个世界上人人都成为思想家、哲学家、科学家、政治家、教育家等，那么对于社会来说，这也许并不是什么福音。君不见，有多少背负盛名之人其实都是空有其名？他们从不施益造福，只求自己袋满肠肥。比起这些欺世盗名之徒，许许多多普通人的知足常乐不失为一种独善其身的生活形式。

快乐的人在早晨起床时，快乐便决定了他们要拥有怎样的一天。他们决定，无论境况或顺或逆，都要尽可能使每一天过得充实、有意义。当困难发生的时候，他们会集中心神在寻求解决问题的方法上，而不是专注在问题的本身。

快乐的人凡事尽力而为，却不强求解决问题，因为他们知晓，无常是通往自由之路。他们在周围的每一件事情里发现美善的意义，但却从不要求从别人身上得到快乐，因为他们清楚地知晓快乐是一种态度，是一种掌握在自己的心智的主控状态。

快乐，是一种感觉。它无处不在，但无声无息、无形无体，全凭我们敏锐地感受和细致地体验。什么都可以是快乐的，只要放开心灵去感受、去发现、去捕捉，快乐就不会一次次和我们失之交臂。

充满梦想地生活，充满激情地生活，充满渴望地生活，梦想会使我们活得轻盈，激情会使我们活出生机，而渴望会使生命傲然挺立、永不枯萎。我们永远不能占有整个世界，但我们可以拥有这现实世界的一小部分。无须建立，无须寻觅，我们就站立在属于我们的那块土地上。这一片空间并不很大，但它再小，还是深藏着我们的快乐。

于是，不管得到生活的哪一样馈赠，我们都会觉得已经足够，因为我们快乐着。

快乐，是影子。只要心中有热情的阳光不灭地照耀，影子就会在我们的脚下伸展。快乐的人具有乐观、自在的心态。一个决定要以积极、乐观心态生活的人，无论外在环境或晴或雨，或顺或逆，都无损他决定快乐的心。

现实生活中，没有一个人能随时感到百分之百的快乐。正如萧伯纳所讽刺的那样，如果我们觉得不幸，可能会永远不幸。但是，我们可以利用大部分时间想一些愉快的事，应付日常生活中使我们感到不痛快的事情和环境，从而使我们感到快乐。我们对事情不满、懊悔、不安的反应，在很大程度上纯粹出于习惯。我们做这种反应已经"练习"了很长时间，也就成了一种习惯性反应。这种习惯性

103

的不快乐反应大多起因于我们自以为有损于自尊心的某种事情，甚至一些非个人的原因也可能被认为是伤害我们的自尊心而引起我们不快乐的反应，如要乘的公共汽车来迟了，要打高尔夫球时偏偏下雨了等等。

养成快乐的习惯，你就变成了生活的主人而不再是奴隶。快乐的习惯使一个人至少在很大程度上不受外在条件的支配。

人是追求目标的生物，所以，只要他朝着某个积极的目标努力，他一定能自然正常地发挥作用。快乐就是自然正常地发挥作用的前提。

人只要发挥目标追求者的作用，不管环境如何，他都会感到十分快乐。

爱迪生有一间价值几百万美元的实验室没买保险而被火白白烧掉了，后来有人问他："你该怎么办呢？"爱迪生回答说："我们明天就开始重建。"他保持着进取的态度，可以断言，他绝不会因为自己的损失而感到不幸。

我们所谓的灾难很大程度上完全归结于人们对现象采取的态度，受害者的态度只要从恐惧转为奋斗，坏事就往往会成为令人鼓舞的好事。

在我们尝试过避免灾难而未成功时，如果我们同样面对灾难，乐观地忍受它，它的毒刺也往往会脱落，变成一株美丽的花。

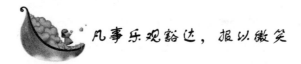

凡事乐观豁达，报以微笑

生活并不总是开心，总会充满了烦恼，甚至不幸。然而一个豁达之人，即使到了告别这个世界的那一刻，也会用微笑与快乐为生命送行。

两个水手因为船只失事而流落到一个荒岛。

甲水手一上岸就愁眉苦脸，担心荒岛上没有充饥之物，没有落脚之处。乙水手却一上岸就为自己将要开始一段新的生活而欢呼。

两个人在荒岛上找到一个山洞，乙水手为今晚有地方可以睡一个好觉而庆幸，甲水手却担心洞里面是否有怪兽。乙水手安然入睡，甲水手辗转难眠，不知道明天怎么度过。

上帝可怜两个水手，竟然让他们在荒岛上意外地发现一袋粮食。乙水手高兴得手舞足蹈，而甲水手担心怎么把生米煮成熟饭，煮出来的饭是否咽得下。

岛上没有淡水，他们不得不喝海水。乙水手说："喝淡水喝惯了，喝喝海水换换口味。"而甲水手极不情愿地把海水咽下。

每吃完一顿饭，乙水手总是很满足地说："又过了一天。"而甲水手总是叹气："唉，假如粮食吃完了该怎么办呢？"

粮食一天一天减少，终于被他们吃完了。荒岛上还有些野果，他们采摘回来。乙水手说："运气真好，竟然还有水果吃。"甲水手哭丧着脸说："从来没有这么倒霉过。上帝不要我活了，竟然要吃这样的野果。"

终于野果也吃完了，他们再也找不到其他可以吃的东西了，只好挨饿。为了保持力气，他们只好躺在洞里休息。乙水手说："想不到我竟然什么也不用做还可以睡觉。"甲水手绝望地说："死亡离我们越来越近了。"

最后一刻，他们都坚持不住了。乙水手说："现在终于可以抛开一切烦恼，投奔天国了。"甲水手说："我还不想下地狱。"

乙水手死了，脸上挂着微笑。

甲水手死了，脸上充满悲伤。

同样的结局，不一样的人生。既然结局无法改变，何不快乐地面对人生，充分享受生命中的乐趣！

事物都有两面性。当我们失去某一件东西的时候，必然会得到另外一件东西，虽然失去的很珍贵，但又有谁知道你得到的东西不比你失去的更珍贵呢？大多数人往往意识不到这一点，失去的已经证明它很珍贵了，得到的还需要一段时间来证明它是否珍贵。所以，我们应该学会的是耐心等待。

凡事都看开一点，这应是人生最明智的处世哲学。既然已经发生了，我们就坦然接受。俗话说，是福不是祸，是祸躲不过。看淡一切的人，生活无论怎样都能从中自得其乐。不知哪位智者说过，在生活和工作中不是任何付出都会有回报的。确实如此，有时生活存在明显的不公平，不光你自己觉得不公，连周围的民意也认为不公。这时候，千万不可激动，更不能一时冲动，干出无法收拾的傻事来。比如评级长薪，凭你的贡献，你的民意测验，这次的美事就理所当然属于你，但因为只有一个名额，有关方面出于平衡关系或其他考虑，就把美事给了另一个人。在这种情况下，千万要想开，不能耿耿于怀，忧心忡忡，更不能失去理智。即使从养生之道出发也不必肝火太盛。潇洒地想，一次长薪不就几块钱吗，不能为几块钱闹意气，叫人看低了自己的人格，看小了自己的风度，自宽自己的心，自己找乐，转移"痛点"。

有一个小笑话，说有一个老太太，晴天也哭，雨天也忧。因为她有两个女儿。大女儿卖雨伞，二女儿卖冰棍。晴天怕大女儿赚不到钱，雨天怕二女儿赚不到钱。有位智者开导她说，你老人家大可不必天天忧心，晴天的时候你就为二女儿高兴，今天冰棍一定好卖；雨天的时候你就为大女儿高兴，今天雨伞一定卖得好。这样一来，你就变天天哭为天天乐了。老太太一想果真有道理，怎么我从前就没想到这个理儿？

忧和喜是事物给你带来的两种心情，只要你不钻牛角尖，懂得"痛点"转移，想问题善于从两面或多个角度去思考，哲理就在你身边，大可不必忧心忡忡，更不用像老太太先前那样哭天抹泪儿。

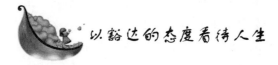

以豁达的态度看待人生

前几天和朋友在一起聊天，说什么样的人最幸福？有人说，聪明的人最幸福；有人说，能干的人最幸福；有人说，幽默的人最幸福；还有人说，漂亮的人最幸福。

我们讨论出来的结果是：知足的人最幸福。

我们有一个同学叫小芳，几年前，拥有大学本科学历的小芳嫁给了一个极其普通的男人，当时我们很多人都不理解，从工作、学历、相貌各方面来说，那个男人都不及小芳，但是小芳觉得那男孩心地善良，对她不错，她相信这样的人能够在以后的岁月里踏踏实实地和她过日子，于是她选择了他。

几年后的今天，小芳的小家一如开始时的幸福美满，日子也过得红红火火，不仅生了一个活泼可爱的儿子，还在不久前买了一辆家庭轿车，成为我们这批女孩里第一个结婚生子、第一个买家庭轿车的人。

当我们曾经的几个好友再次聚会时，大家发现只有小芳的脸上洋溢着女人特有的幸福和满足，当看到她可爱的儿子稚声稚气地称呼我们每一位，小大人一样给我们分糖果和给我们讲笑话的时候，我们更是艳羡不已。再看看我们这些曾经都觉得小芳当年委屈下嫁的人，无不是个个依然形单影只、面容憔悴，有的是为负心男友伤心落泪对爱情心灰意冷，有的是为生活奔波操劳一脸焦虑疲惫，还有的刚从围城里逃出来，发誓再不相信任何男人。

但是小芳，幸福像花一样绽放在她的脸上，她给我们讲她的婚姻，讲她和自己所选择的那个普通男人的生活，讲那个男人对她的关爱，讲他们的相濡以沫，讲他们婚姻的点点滴滴，讲爱情的最高境界是信任、是理解、是宽容。

小芳说，她当时之所以选择这样一个普通的男人，是因为她知道自己也是一个普通的女人。她选择这样的男人是因为他可以让她感觉到很踏实，也因为她懂得知足，有这样的男人一心一意地爱着自己，她感到很幸福。

讨论完小芳的故事，我们几个人愣在那里，有的表情惊愕，有的突然省悟。我们身边有很多这样活生生的例子，只是我们平常也许是忙于工作，也许是忙于家庭，却忘了回过头来看看我们现在的生活，其实幸福就在我们身边。小芳用她的亲身经历告诉我们：有一种豁达的态度，有一种知足的精神就是最幸福的事情。

107

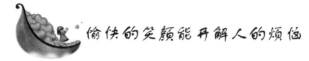

愉快的笑颜能开解人的烦恼

我们中华民族是个友好爱笑的民族。"中国人的微笑",给许多来访的外国朋友留下美好的印象。在我国文学典籍中,单一部《红楼梦》,关于笑的描写就不下几十种之多。《三国演义》中的曹操,打了胜仗哈哈大笑,打了败仗竟也仰面大笑。《聊斋志异》里的《婴宁》总共不过 5000 多字,就写了"笑容可掬"、"笑不可遏"等14 种形态的 30 多个笑,真是笑得不亦乐乎!

笑是七情之一,俗话说"笑一笑,十年少"。笑是心理和生理健康的标志之一,是精神愉快的表现。巴甫洛夫说:"愉快可以使你对生命的每一跳动,对于生活的每一印象易于感受,不管躯体和精神上的愉快都是如此。可以使身体发展,身体健康。"而一切顽固沉重的忧悒和焦虑,会给各种疾病大开方便之门。笑还能对心理活动产生很大影响,我国就有"乐以忘忧"的古训,可见笑的重要,笑是生活的需要。

笑,常是解决矛盾、化干戈为玉帛的前因。例如,张三从李四门口走,李四未发现张三,突然从屋里泼出一盆水,使张三顿时成了"落汤鸡"。这时李四赶忙赔笑,连声"对不起",张三见到笑容,一句"不要紧"也便完了。相反的,倘是李四来个"不怪我",张三还句"瞎眼了",事情就要麻烦。俗话说:"抬手不打笑面人",可见笑的威力。

笑,还有个笑法问题。在不同笑法中,它蕴含的思想感情是很不一致的。一些电影常表现英雄牺牲时最后笑一下,这种笑所表现出的烈士对革命胜利的坚定信念是真实可信的。但是,在我们生活中有些人碰到什么困难,或遇到一些问题,产生一点矛盾,便收起笑容,或悲观失望,或怒目相向。要求这些同志学一点辩证唯物主义和历史唯物主义,懂一点艰苦奋斗、苦尽甜来的道理和事物发展的规律,这对他们保持健康,也是必要的。还有一种同志老爱笑,讥笑别人，别人积极要求上进，他把嘴一撇，笑人家想"往上爬"；别人努力工作，高水平、高质量超额超前，他又笑人家"想多拿奖金"；别人抵制不正之风，他当面讥笑人家"假正经"；别人奋勇攀登科技高峰，他笑人家"癞蛤蟆想吃天鹅肉"……此正如古人所谓："上士闻道，勤而行之；中士闻道，若存若之；下士闻道，大笑之。"他们专门讥笑好人好事好风尚，正说明他们自己恰是下等而之者！

白居易在《劝酒十四者》中说得好："且灭嗔中火，休磨笑里刀。"我们不赞成同志之间没有笑，批评对先进人物、先进事物的非笑，更反对"当面笑嘻嘻，背后使绊子"一类"笑里藏刀"式的冷笑、奸笑、狞笑。只有真诚、健康的笑，才是最崇高的，最可贵的笑！

生活中少不了笑。"出门一笑大江横"，"相逢一笑泯恩仇"，让我们的周围洋溢着健康明朗的笑，亲切友好的笑，文明礼貌的笑，充满信心的笑。

可见，会不会笑，何时该笑，何时不该笑，是大有讲究的。

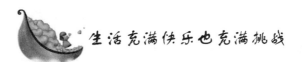 **生活充满快乐也充满挑战**

生活是体验的过程，充满快乐也充满挑战。人们在生活当中，会遇到各种事情，没有人真的万事如意。拿平时的工作来说，你希望通过网络来管理你的生活，结果计算机里不断地涌出烦人的垃圾电子邮件；你的上司、客户，还有想求教于你的新同事从四面八方涌向你，想要瓜分你的工作时间。结果是个人工作永远做不完，时间永远不够用，孩子、汽车、物业问题侵占了你的生活时间；更糟的是，你和朋友之间因为缺乏联络而渐渐疏远，你已经不再拥有个人的爱好，你的感情生活甚至跌入了谷底。

人们似乎总要面临许多的困难局面：应该一早坐在计算机前面设计策划方案，还是替孩子准备一顿丰盛的晚餐？该去和客户见面，还是留下来和朋友畅聊这几年来的变化？该用周末加班，全心投入

第六章　乐观豁达，开心快乐

一个可以让你大展身手的项目，还是利用这个时间出去走走，参加些旅游健身的活动？

大多数时候，人们都只能感叹自己分身乏术，必须忍痛牺牲其中的一项甚至是好几项。于是你忍不住问自己：即使自己很努力，已经做得足够好了，为什么还是不能享受人生？即使有足够的聪明才智，为什么总是逃脱不了许多不顺利的局面？

是的，很多时候，人们都可以感觉得到自己处在怎样的困境之中。人们经常不能把工作做得如预期般的那样好，经常无法控制事态向不好的方面发展……事实上，谁都不能奢望现实世界真的会一帆风顺。

其实，人人都面对有不同的问题。什么是你的问题呢？就业？如果你认为一份职业就可以解决你当前的所有问题，那你就大错特错了。事实上，那些奔波在职场的上班族同样有他们的烦恼。他们有的人一到工作中就浑身不对劲，认为上班是在出卖自己的快乐，也就谈不上快乐了。

于是有人想，做个老板就可以解决工薪阶层的问题了。没有上司的管辖也许是条出路，但是复杂的商场局面和社会关系马上就会摆在你的面前。怎样使你的雇员能够尽职尽责，让你的产品远销各地，让你一炮走红，这又是一个个使你烦恼的问题。谁都需要面对问题的挑战，不论是雇主或者雇员，都不能幸免。

既然如此，那又有什么解决的好办法呢？退休吗？有些人还没到 50 岁就已经在计划要去哪儿享清福了。既有钱花，又不用受上司的气，这样的日子谁不向往呢？然而，退休了也不意味着万事大吉，依然有生活、社交、子女等一大堆问题等你去解决呢！

成功人士会少一些烦恼吧？才不会呢！成功、财富同样也会带来烦恼。一个富豪之家，拥有一座人人称羡的豪宅，可是也许主人每天会因为私人生活被乱七八糟的人骚扰、被坏分子盯住有绑架危险而烦恼呢。

事实上，麻烦和问题无处不在。

美国著名牧师休勒说过，没有逆境的生活像是个海市蜃楼的沙漠幻影，这种错误的观念只会引你走向错误的方向，让你注意力分散，不知所踪。所以，不要浪费脑力和精力去寻找一个根本就不存在的空想，还是接受"人人都有一本难念的经"这个事实吧。

大约在两个多世纪以前，在法国里昂举办的一个盛大宴会上，来宾们就某幅绘画到底是表现了古希腊神话中的某些场景，还是描绘了古希腊真实的历史画面展开了激烈的争论。来宾们一个个面红耳赤，各种观点纷纭，吵得不可开交，宴会的气氛越来越紧张。这时，主人灵机一动，转身请旁边的一个侍者来解释一下感觉画面的意境。

这位侍者对整个画面所表现的主题作了细致入微的描述。他的思路显得非常清晰，理解非常深刻，而且观点几乎无可辩驳。因而，这位侍者的解释立刻就解决了争端，所有在场的人无不心悦诚服。"请问您是在哪所学校接受教育的，阁下？"在座的一位客人带着极其尊敬的口吻询问这位侍者。"我在许多学校接受过教育，先生！"年轻的侍者回答说，"但是，我在其中学习最长，并且学到东西最多的那所学校叫做'逆境'。"这个侍者的名字就叫做让·雅克·卢梭。

失败是一种难得的经历，艰难困苦和人世沧桑是最为严厉而又最为崇高的老师。正是贫寒交迫的生活和接连的逆境，造就了卢梭对生活的深刻认识和对世界的深刻见解。

我国教育界一位有识之士明确指出：当今家庭和学校偏重于孩子的智力开发，而缺乏行之有效的品德意志等方面的教育，包括作为普通劳动者的教育和艰苦奋斗教育。孩子们既缺少吃苦的经历，又缺乏遭受失意、挫折乃至失败的准备，意志脆弱，经不起挫折者大有人在。甚至一些根本称不上挫折的一点点不如意、一件小事，就可以让他们伤心、落泪、沮丧、颓废萎靡，甚至毁掉自己。

为了改变这种状况，有的学校开始针对在娇惯中长大的孩子心胸狭窄、目光短视、见难而退、难以接受生活挑战的问题，进行挫折教育。让孩子们回答解决各种生活问题的办法，从中根据孩子们的种种应急反应、对待挫折的不同态度，再进行有的放矢的引导，以培养孩子们的应变能力和竞争能力，克服输不起的心理障碍，使其能谦让、能合作、能吃亏，从而经得起未来生活的考验。

"挫折教育"无疑是关系到个人、民族和国家前途的大好事。随

111

着社会的发展，竞争将会更加激烈，对人的心理素质，包括对挫折的承受能力的要求，将会越来越高。在当今社会，缺少"挫折教育"是不行的。社会需要不仅能掌握现代科学技术，也要具有良好的道德和心理修养的新一代。

 ## 乐观的方式能够带走烦恼

一个记者采访爱迪生时问："爱迪生先生，据说你发明电灯的过程中，总共失败了一万多次，最后才成功。"爱迪生的回答非常睿智："我没有失败一万多次，我只不过是知道了一万多个行不通的方法。"没有人比爱迪生更加了解失败的好处了。他曾经尝试了一万次失败，才获得了一次成功。但就凭着一次成功，他获得了受人尊敬的名望、地位和优越的生活条件，他能成为伟大的发明家吗？正是爱迪生的乐观和坚持精神，让他成为了世界上少有的伟大发明家。的确如此，乐观的方式能够带走令我们不快的烦恼。

美国有一位心理学家指出烦恼是一阵情绪的痉挛，人的精神一旦牢牢地缠住了某事就不会轻易放弃它。不良的心境有一种顽固的力量，往往不易摆脱，这就是烦恼。当一个人心境不佳时，不要过分独自地冥思苦想，最好将自己的心事倾诉出来，或是转移到其他的事情上去，心理学上称之为"心境转移"，这样你会忘记忧愁，又拥有了正常的心境。乐观主义者成功的秘诀就在于他的特殊的"解释方式"。当推销失败之后，悲观主义者倾向于自责。他说："我不善于做这种事，我总是久败。"乐观的业务员会寻找客观原因，他不会责怪天气、抱怨电话线路甚至怪罪对方。他认为，一切只是时机没有成熟，或自己还没有找到客户的"死穴"所在。当一切顺利时，乐观主义者把一切功劳都归于自己，而悲观主义者只把成功视为侥幸。

克雷格·安德森让一组学生给陌生人打电话，请他们为红十字会献血。当学生们的第一、二个电话未能得到对方的同意时，悲观者说："我干不了这种事情。"乐观主义者则对自己说："我需要试试另外一种方法。"也许你会在某次英文考试后感觉非常不好，心里很难过。身边的人也会给你些安慰，可是你还是很难受，因为你觉得自己尽了努力。你不停地责备自己是不是太笨，越想越难过，甚至晚上都睡不好，在给亲友的信中情不自禁地表达了这种抱怨。一位聪明的朋友会给你解决这种困苦的答案，他会告诉你这不是你的错，或许是你的英文老师的问题，或许是评卷机器出现了故障……总之，错不在你。从小到大我们所受的教育都是不要把错误归咎到别人身上，要从自己身上找缺点，要从主观上找原因，可是当你在仔细思考朋友的话后会发现，的确是这样：你的英语老师不仅发音不标准而且照本宣科，问她问题时回答也含混不清，上课根本调动不起你的积极性。

在多数人身上，一个人身上体现的情绪乐观主义和悲观主义兼而有之，但总会更倾向于其中之一。这是一种所谓"早在母亲膝下"就开始形成的思维模式，美国一位学者卡罗尔·德韦克博士对小学低年级儿童做了一些工作。她帮助那些屡屡出错的困难学生改变他们对失败原因的解释，从"我是很笨"变成"我学习还不够努力"，他们的学习成绩果然随之提高了。

乐观的人总是能从平凡的事物中发现美，威廉·华兹华斯曾有一首诗道出了这份独特心境：

我曾孤独地徘徊／像一缕云／独自飘荡在峡谷小山之间／忽然一片花丛映入眼帘／一大片金黄色的水仙／我凝视着——凝视着——但从未去想／这景象给我带来了什么财富／我的心从此充满了喜悦随那黄水仙起舞翩跹。

生活中小乏欢乐，可欢乐与否还要你去用心地体会。伯特兰·罗素认为："一个人感兴趣的事情越多，快乐的机会也越多，而受命运摆布的可能性便越少。"为了充实生活、协调身心，你必须用乐观武装自己，战胜烦恼。

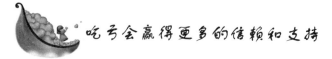

吃亏会赢得更多的信赖和支持

某市一家日用品百货商店的老板没有多少文化，却经营有方，在人精成堆的生意场上，竟然打败了众多的竞争对手，生意兴隆，蒸蒸日上。有人问他的经营秘诀是什么，他笑着说："不字加一点，一人一块田，家家日子好，人人笑连连。"

原来他说的是一个"福"字，他接着解释道："福就是吃亏，我宁愿少赚点钱，也绝不让顾客吃亏。在我这儿买东西，百挑不厌，包退包修，上门服务，负责到底，上门购物的人自然就络绎不绝了，而且大都是回头客。也许，在某些商品上，我少赚了或者亏了本。但从长期、总体看，我肯定赚了钱，而且还能长久赚钱。所以吃亏不一定是坏事，我就肯吃亏，心甘情愿地吃亏。"

"吃亏是福"并不是新的阿Q精神的翻版，而是福祸相依、付出与得到的人生哲学，不论是为人、处世，还是做生意，吃点亏、肯吃亏都是深含道理的。

人都有趋利的本性，自己吃点亏，让别人得利，就能最大限度调动别人的积极性，别人才愿多与你交往，你便可以广结良缘。中国人有"滴水之恩，涌泉相报"的传统美德，凡事都愿意吃点亏来帮助他人、奉献于社会的人，必定善有善报，在日后肯定会得到同样的回报。

一个在仓储公司管库房的老李，不仅对工作一丝不苟，而且从来对自己严格要求，没有像其他人那样"顺"点小东西回家。一次他家的平房漏水，当时仓库的油毡一大堆，要是他拿一块回家也没人说什么，因为有"厨师不会饿死"这个道理嘛！但他出于良知，觉得拿公司的东西亏心，所以宁肯花钱在外面购买。

他这样做，身边几个同事都不理解，还有人讽刺他是"不会占便宜的傻大哥！"可是在后来公司有了发展，搬迁新址的时候，他的这种"傻"帮助他继续工作。2008年底经济危机严重，老李所在公司业务减少利润下滑,公司开始裁员。老李已经45岁了,文化不高,又没技术、没特长,按说会是裁员的重点对象。可经理说:"只要全公司有一个岗位,他就不会给裁了!"原因嘛,不说大家都知道。

害怕吃亏的人,最后往往难以占到便宜。因为哪个老板不精明?身边人的眼睛也是雪亮的。想一想,如果你时时事事都怕吃亏,都想着占便宜,你占了便宜,别人就会吃亏。便宜都让你占了,谁还会同你交往呢?公司也不能再信任你。日久你必然成了孤家寡人了!

西汉时期,有一年过年前夕,皇帝一时高兴,就下令赏赐每个大臣一头羊。在分羊时,大臣们却犯了难,因为羊有大有小,有肥有瘦,不知怎么分。

正当大家束手无策时,一位大臣从人群中走了出来,说:"这羊很好分。"说完,他顺手牵了一只瘦羊,高高兴兴地回家了。众大臣见了,也都纷纷仿效他,不加挑剔地牵了一头羊就走。该大臣这样的举动,不仅得到了同僚们的尊敬,也得到了皇帝的器重。这不是天大的福吗?

"一个人心胸有多大,他做成的事业就有多大。"凡那些取得了巨大成就的人,无一不是胸怀宽广、肯吃亏的人。相反,那些一事无成、庸庸碌碌的人,多半是心胸狭窄、斤斤计较、不肯吃亏的家伙。这不是也说明了吃亏是福吗?

自己吃亏,朋友便会得利;个人吃亏,公司就会得利。反过来说,选择自己吃亏的人,会赢得更多的信赖和支持,为日后的成功打下人脉基础。你一定要记住这个道理:吃亏肯定不是坏事。

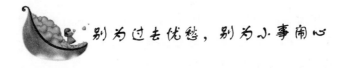

别为过去忧愁,别为小事闹心

情绪是人的思想与行为的伴生物,事情做得顺利,情绪就好。看天,天是蓝的;看花,花是好的;看人,人是精神的。事情还没做完甚至于还没开始着手做,障碍一个接着一个,头脑转不过弯儿,

115

情绪上就受波动了，看什么什么不顺眼，尽管它们和你高兴时所看到的一模一样。

如果情绪仅仅是思想与行为的终极或"排泄物"——如果事情做砸了，痛苦一场那也罢了。糟糕的是，情绪往往会改变你原来的观念，并自然而然地对你以后要做的事产生影响。情绪不是思想和行为的终极"排泄物"，它是思想和行为中的一个过程，是一个重要环节。

其实，坏情绪不仅仅是暴怒、颓丧，它还包括忧虑。对所做的事过于患得患失，情感过于低沉，瞻前顾后，都会在你迈向成功的道路上设置障碍。卡耐基告诫我们：我们生活在世界上的光阴只有短短几十年，但我们却浪费了很多时间，为一些早就应该忘的小事发愁，为无法改变的事情忧虑。时间一天天过去，这是多么可怕的损失。我们通常能很勇敢地面对生活中那些大的危机，可是却会被芝麻大的小事搞得垂头丧气。

这里有皮鲁克斯常说的一句名言："悲观的人即使在晴天，也同生活在阴天里。这是因为心理和性格上都烙上了'想'字。"换个角度看，乐观是一个人获得美好生活的源泉。在这个世界上，唯有一种心情，能让我们感觉到一切都是美好的，那就是保持乐观的性格。那么，怎样才能用乐观"瓦解"悲观呢？人的心态是随时随地可以转化的。一个人心里想的是快乐的事，他就会变得快乐；心里想的是伤心的事，心情就会变得灰暗。因而，快乐与否，完全在你——你可以选择一种心态生活。

积极的人是乐观的人。生命太短暂了，我们不能为小事羁绊住前进的脚步。懂得"生活技术"的人不一定就是懂"生活艺术"的人！

美国芝加哥的约瑟夫·沙巴士法官说："婚姻生活之所以不美满，最基本的原因通常都是一些小事情。"而纽约的地方检察官法兰克·荷根也说："我们的刑事案件里，有一半以上是缘于一些很小的事情：在酒吧中逞英雄，为一些小事情而争吵不休，讲话侮辱了别人，措辞不当，行为粗鲁——就是这些小事情，结果引起了伤害和谋杀的恶性事件。"

小事情也会成为你生命的谋杀者！

我们不都像森林中的那些身经百战的大树吗？我们经历过生命中无数狂风暴雨和闪电的打击，但都撑过来了。可是却会让我们的心被忧虑的小蚂蚁——那些用一根手指就可以捻死的小蚂蚁吞噬。

面对我们的生活，也许你有点疲惫不堪，但这种不幸的境况，又何尝不是你每天积累忧虑的结果？

也许，你确有难言的痛苦和忧虑，以致使你对日后的人生失去兴趣；但是，你却可以用另外一把钥匙去打开快乐之门——从而改变你忧愁不堪的形象。

如果我们把忧虑的时间，特别是用在一些小事上的时间放在更重要的工作、学习、爱人等事情上，那么忧虑就会在忙碌的光芒下消失。

人必须随时随地保持积极的心态，人的心态是随时随地可以转化的。一个人心里想的是快乐的事，他就可以拥有快乐。生活要过得简单而不贫乏，有情趣而不孤异，这需要懂得生活的技术。懂得"生活技术"的人，不一定就是懂"生活艺术"的人！所谓"生活技术"，也就是"职业技术"——你有"谋生"的本能吗？假使你回答说"有"，那么，你的"谋生本能"就是"生活技术"，因为没有这种"技术"，你便不能"生活"！

一个有智慧的人，他到了 40 岁以后，生活就过得非常"简单化"、"模式化"了！所谓"简单化"，并不是说"简单地生活"，而是说：对于一切事情，能够处置得法，不随便浪费精力，所使用的精力，皆能获得工作上的效果，不使一分能力浪费到没用的地方。

美国芝加哥的约瑟夫·沙巴士法官，他曾审理过 4 万件婚姻冲突的案子，并使 2000 对夫妇重新和好。他说："大部分的夫妇不和，根本是起于许多琐屑的事情。诸如，当丈夫离家上班的时候，太太向他挥手再见，可能就会使许多夫妇免于离婚。"劳·布朗宁和伊丽莎白·巴瑞特·布朗宁的婚姻，可能是有史以来最美妙的了。他永远不会忙得忘记在一些小地方赞美妻子和照顾她，以保持爱的新鲜。他如此体贴地照顾他的残废的妻子，结果有一次她在给姐妹们的信中这样写道："现在我自然地开始觉得我或许真的是一位天使。"

第六章　乐观豁达，开心快乐

117

年龄很大了的老人，也应节省精力的浪费，让自己沉浸在更熟知的领域中。这并没有什么高深的哲理，因为目的杂乱以后，足以扰乱"能力"而使我们的"努力"成为"徒劳"，这种结果必然让你无法快乐！不过，有的欲望和兴趣，是需要我们耐心去追求，然后方可满足你快乐的需要！

当然，仅仅生活简单化还不够，应该趁着年轻的时候，好好地学习一些技艺！一个人到了50岁以后，能力就将逐步衰退，学习进步的速度，就不得不减慢了！所以，50岁以后的人，要想学习什么新的技艺，那是比较困难的！

简单的生活琐事，可能会给你带来不同的结果，就看你运用怎样的心境来处理了。

我给您的建议是：别为过去而忧愁，别为小事而闹心。

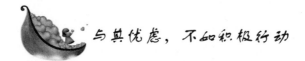

与其忧虑，不如积极行动

美国《读者文摘》上曾刊登过这样一篇有关忧虑的文章，作者在文中对忧虑的心理进行了绝妙的讽刺：

"如此众多的令人忧虑的事情！有陈旧的，也有新的；有重大的，也有微小的，而富有想象力的忧虑者总能够将路上的行人同远古时代联系起来。假如太阳燃尽了，一年四季可能完全变成黑夜吗？如果低温冷冻中的人再苏醒过来，他们还能活多久？如果一个人不幸失去了小脚指头，他能否在足球赛中进球呢？"

有这样一则故事也可以说明忧虑的严重性：

"睡吧，别再胡思乱想了。"一个商人的妻子不停地劝慰着她那在床上翻来覆去、折腾了足有几百次的丈夫。"嗨，老婆啊，"丈夫说，"你是无法体会到我现在遭的罪啊！几个月前，我借了一笔钱，明天就到还钱的日子了。可你知道，咱家哪儿有钱还啊！你也知道借给我钱的那些邻居们比蝎子还毒，我要是还不上钱，他们能饶得了我吗？为了这件事，我能睡得着吗？"他接着又在床上继续折腾着。妻子试图劝他，让他宽心："睡吧，等到明天，总会有办法的，我们说不定能弄到钱还债呢。""不行了，一点儿办法都没有了，"丈夫喊叫着。最后，妻子无法忍耐丈夫的折腾了，她爬上自家房顶，对着邻居家高声喊道："你们知道，我丈夫欠你们的债明天就要到期了。现在我告诉你们一些重要的事：我丈夫明天没有钱还债！"她又跑回卧室，对丈夫说："这回睡不着觉的就不是你而是他们了……"

当凌晨三四点钟的时候，你还在忧虑，全世界的重担似乎都压在你肩膀上，到哪里去租一间合适的房子？找一份好一点的工作？怎样可以使那个讨厌的主管对自己有好印象？老人的健康、女儿的行为、明天的伙食、孩子们的学费……可怜！你的脑子里有许多烦恼、问题和亟待要做的事，在那里滚转翻腾！股票行情好不好？女儿的男友配得上她吗？汽油会不会又要涨价了？可怜！你脑子里的思绪东飘西荡，你仿佛永远无法再入睡了！

不，你可以睡着，只要你采取一个简单的步骤，对自己说一句简短的话，说上几遍，每一次要深呼吸，放松！

你要对自己说，同时心里也要真的这样想："不要担心，明天再说明天的事。"

深呼吸，一切由他去！睁开眼睛，再轻松地闭起来，告诉自己："不要担心，明天再说明天的事。"要仔细想想这些有魔力的字句，而且真正相信，不要让你的心仍彷徨在恐惧和烦恼之中。

请记住一点，世上没有任何事情是值得忧虑的，绝对没有！你可以让自己的一生在对未来的忧虑中度过。然而无论你多么忧虑，甚至抑郁而死，你也无法改变身处的环境和发生的现实。还有一点，我们不能将忧虑与计划安排混为一谈，虽然二者都是对未来的一种考虑。如果你是在制定未来的计划，这将更有助于你现在的活动，使你对未来有自己的具体想法与行动计划。而忧虑只是因今后的事情而产生惰性和烦恼。忧虑是一种流行的社会通病，几乎每个人都花费大量的时间为未来而担忧。

忧虑既然是如此消极而无益，既然你是在为毫无价值的行为浪费自己宝贵的现在，那你就必须消除这一误区。其实，对一般人来讲，他们所忧虑的往往是自己无能为力的事情。无论是战争、经济

119

萧条还是生理疾病，不可能因为我们一产生忧虑就自行好转或消除，作为一个普通人，你是难以左右这些事情的。然而，在大多数情况下，你所担忧的事情往往不如你所想象的那么可怕和严重，也许想想办法，或者变换一下环境，某些担忧就变得毫无必要了。

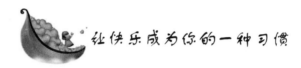

让快乐成为你的一种习惯

人只要决定快乐，那么大多数人都能获得快乐。

快乐与心灵和肉体有不可分的关系。快乐会对人产生更积极的影响，快乐时，人们能想得更好，做得更佳，感觉更舒服，身体更健康，甚至身体的感官更敏锐。快乐时，也可以使别人受你的感染而变得愉快。

快乐纯粹是内在的、自发的，它的产生不是由于事物，而是由于不受环境拘束的个人举动所产生的观念、思想与态度。

除了圣人之外，没有人能随时感到快乐。作家萧伯纳曾说道："如果人们感到可怜，很可能会一直感到可怜。"对于日常生活中使人们不快乐的那些众多琐事与环境，可以由思考使人们感到快乐。方法很简单，就是用大部分时间想着愉悦的事情。对于烦恼、小挫折，人们很可能习惯性地反映出暴躁、不满、懊悔与不安，这样的反应已经"练习"了很久，所以成了一种习惯。这种不快乐反应的产生，大部分是由于你把它解释为"对自尊的打击"等这类原因。司机没有必要冲着自己按喇叭，自己讲话时其他人没注意听甚至插嘴打断了，认为某人愿意帮助自己而事实却不然，甚至某个人对于事情的解释……以上种种结果也会伤了自尊；要搭的公共汽车竟然迟开；计划要郊游，结果下起雨来；急着赶搭飞机，结果交通堵塞……这些糟糕的情况大都能让你产生生气、懊悔、自怜等反应，或换句话说——闷闷不乐。

养成快乐的习惯，你就可以成为情绪的主人；快乐的习惯可使你不受外在情况的支配。

遇到悲哀的情景与逆境，只要不在不幸事件之上再加入自怜、懊悔与不顺的情绪，纵使不会感到完全快乐，通常也不会陷入忧虑的沼泽中。

让快乐成为你的一种习惯，让无关紧要的小事和忧虑消除得无影无踪，再按下面的方法来做，你就会成为一个快乐相随的人。你的心里要有以下的决定：

1. 要尽可能地愉快。

2. 要对别人更加友善。

3. 对他人要少苛求，对他们的错误、失败、过错要多加容忍，对他们的行动要寻求可能的最佳解释。

4. 在可能的范围内，行为方式要表现得仿佛成功果实唾手可得，而且现在的个性就是希望的个性，一切的行为与感觉要朝着这个新个性加以练习。

5. 不让观念将事实染上一层悲观或否定的色彩。

6. 要练习每天至少微笑三次。

7. 不管发生什么事情，反应要尽可能地镇定明智。

8. 对于无法改变的悲观与否定的"事实"，永远不去想它。

上述每一种行为、感觉、思想的习惯方法的确能对你保持快乐心境产生重大的影响力。那么练习三个星期吧，体验一下，看看忧虑、敌意是否会消失，看看信心是否会增加，看看你的生活是否充满了快乐。

 乐观是获得美好生活的源泉

乐观是一个人获得美好生活的源泉，能让人们感觉到一切都是美好的情趣，就是乐观和自信的心态。那么，怎样才能消除忧虑的烦恼，获得乐观的心态呢？你不妨从以下几方面去努力：

参考以下四个步骤来消除忧虑：

1. 你的担忧是什么？

121

2. 你可以怎么办？

3. 你决定如何去做？

4. 你何时准备开始去做？

如果是生意上的不安，你还可以用另外四个步骤来减小你的忧愁：

1. 面临的问题是什么？

2. 问题发生的原因是什么？

3. 可能解决问题的方法有哪些？

4. 你认为该用哪一种解决的方法？

其实，你可以用一个每天能产生快乐而富有建设性思想性的计划，来为快乐而奋斗。

乐观的人生带给你的是永远的自信和脸上抹不去的微笑。

自信和微笑带给你的又是充满朝气的个人形象，和蔼可亲的交际性格。交际方面的胜利、形象的完美、健康的心境，带来的一定会是个人的成功。

乐观的人生需要在忧虑改变你以前，先改掉忧虑的习惯。

此外，疲倦和紧张也会让你忧心忡忡，难以乐观起来。

是什么心理因素使那些坐着不动的工作者疲劳呢？是快乐？是满足？不是的，绝不是这样！是烦闷、烦恼，一种不愿欣赏的感觉，一种无用的感觉，太匆忙、焦急、忧虑这些都是使那些坐着工作的人精疲力竭的心理因素，使他容易感冒，减少他的工作成绩，而且会让他回家的时候带着神经的头痛。

碰到这种精神上的疲劳，该怎么办呢？要学会放松！放松！

这种放松并没有想象中那么简单，你恐怕得把你这一辈子的习惯都改过来。威廉·詹姆斯在他那篇题为《沦放松情绪》的文章里说："美国人过度紧张，坐立不安、着急以及紧张、痛苦的表情……是种坏习惯，不折不扣的坏习惯。"

关于放松紧张的情绪，这里有五项建议：

1. 让阳光照射到你的房间，尽情地享受阳光。

2. 读一本自己感兴趣的书。

3. 尽量让工作环境舒服些。

4. 莫为小事所拘束。

5. 随时检讨自己紧张的原因。

这样做，你就会发现，丹尼尔·何希林的话是何等正确：

"每天睡觉前，我总要算算自己的成绩，不是看我一天之后有多疲倦，而是看我一天之后有多不疲倦。"

充沛的活力，使你看到人生处处充满着阳光和希望，它会快乐起来，它也会使你能更加适应自己的工作环境，提高工作的效率。

年轻人喜欢用健康去换取金钱，这是一种不良的心态和做法。因为这样做，到你人老体衰时就会感到疲倦不堪，甚至疾病缠身。你要用金钱去换取健康的回归，即使这样，效果也微乎其微。

人生将在什么时候画上句号，谁也不知道。但是，却有十分的必要去保持最佳的活力来迎接新生活的挑战。这样，你的笑容就会一天比一天多，你的人生也就充满阳光了。

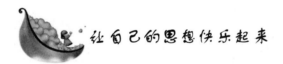

让自己的思想快乐起来

也许我们无法改变现实生活，但我们可以改变自己的思想，让快乐重新占据身心。思想的快乐足以让你应对一切磨难与不幸。

宋代的文人一向靠着自我的修养，由现实生活中个人的境遇超脱出来，在万物中自得其乐。所以尽管宋代被贬的文人很多，但几乎都心境豁达，苏东坡应该是其中境界最高的一位。他曾经任杭州通判，并先后任密州、徐州、湖州的父母官，后来因为作诗"谤讪朝廷"罪贬黄州。哲宗时任翰林学士，曾出任杭州、颖州等，官至礼部尚书。后又贬谪惠州、儋州。

一个研究苏东坡的外国人曾经作过统计，苏轼一生担任过30个官职，遭贬17次，频频往返于庙堂和江湖之间，还坐过130天监牢。然而他一生乐观豁达，留下的诗文中很少有悲观厌世之作。至于苏东坡历次被贬的原因，真正可以称得上是"莫须有"了。

苏东坡因为被文学史家称为"乌台诗案"的案件被贬到黄州时，

第六章 乐观豁达，开心快乐

他弟弟苏辙曾经说过一句话："东坡何罪？独以名太高。"他太出色、太响亮，能把别人的笔墨比得十分寒碜，能把同代的文人比得有点狼狈，引起一部分人酸溜溜的嫉恨，所以人们对他的打击和诋毁几乎是不可避免的。

苏东坡比中国其他的诗人更具天才、更具幽默感。在"乌台诗案"中，全家人都为他担心而哭泣，可他却仍跟妻子开玩笑，让妻子也像杨朴妻那样作一首滑稽诗给他送行。他被贬官黄州，妻子生了一个儿子让他题诗，他嬉戏道："人皆养子望聪明，我教聪明误一生，唯愿孩子愚且鲁，无灾无难到公卿。"苏东坡被贬到了黄州，他失去薪俸，变成了一个农民，又带着一家老小十数口，因而生活上非常简朴，开始紧巴巴地过日子。他把钱藏在瓦罐中，每天只能取出一百五十文，然后立刻将瓦罐收在天花板上。另外他还准备了一个大竹筒，存放剩余的零钱以备招待意外的访客。面对境遇的陡落，苏东坡心中自然也苦闷难当，于是他移情于物，耕作田间，自得其乐。

苏东坡非常喜欢建筑，甚至可以说，建筑是苏东坡的本性最爱，他决心要为自己建筑一个舒适的家。他把精力全用在筑水坝，建鱼池上，还从邻居处移树苗，从老家四川托人找菜种。他在田间地头似乎忘掉了贬谪在外的烦恼，他像孩子一样快乐地生活。

在田间，当孩子跑来告诉他好消息，说他们打的井出了水，或是他种的地上长出针尖般小的绿苗，他会欢喜得像孩子般跳起来。他看着稻茎立得挺直，在微风中摇曳，或是望着茎上的露滴在月光之下闪动，如串串的明珠，他感到得意而满足。他过去是用官家的俸禄养家糊口，现在他才真正知道五谷的香味。他种麦子时，一个好心肠的农人来指教他说，麦苗初生之后，不能任其生长，若打算丰收，必须让刚生的麦苗由牛羊吃去，等冬去春来时，再生出的麦苗才能茂盛。等到小麦丰收，他对那个农夫的指教无限感激。在这种自然的环境中，他的心境逐渐地开阔，开始坦坦荡荡地过起他的小日子，渐渐地他能够以愉快的眼光看待周围的人，并愉快地与他们相处了。

苏东坡在曲折的生活道路上能随遇而安也是和乐观、开阔的心态分不开的。苏东坡热爱生活，具有爱人之心。珍视亲朋师友之间的情谊，对人生、对美好事物执著追求，至死不渝。

苏东坡最好的朋友是陈慥，当年苏东坡少壮时曾和他父亲意见不合，终致交恶。陈慥的家离岐亭不远。苏东坡去看过他几次，陈慥在 4 年内去看过苏东坡 7 次。由于一个文学掌故，陈慥在中国文学史上以惧内之癖而名垂千古了。今天的典故"季常之痛"说的就是他，季常是陈慥的号。陈季常这个朋友，苏东坡是可以随便和他开玩笑的。苏东坡在一首诗里，开陈季常的玩笑说："龙丘居士亦可怜，谈空说有夜不眠，忽闻河东狮子吼，拄杖落地心茫然。"因为这首诗，在文言里用"河东狮吼"就表示惧内，而陈季常是怕老婆的丈夫，直到今天，"狮子吼"还是指絮絮不休的妻子，这个名字也因苏东坡的这首打趣的诗而千古流传了。

苏东坡仍能随时随地自得其乐，他快乐的秘诀就是尽量逃向大自然，不但杭州城本身、西湖，而且连杭州城四周 10 里或 15 里之内，都成了他时常出没的场所。

这位大诗人甚至对烹饪也非常有研究，非常善于做菜，而且做菜的水平绝非一般，他尤其擅长制作红烧肉。回赠肉便是苏轼在徐州期间创制的红烧肉。宋神宗熙宁十年四月，苏轼赴任徐州知州。七月七日，黄河在边州曹村埽一带决口，至八月二十一日洪水围困徐州，水位竟然高达二丈八尺。苏轼身先士卒，亲荷畚插，率领禁军武卫营，和全城百姓抗洪筑堤保城。经过 70 多个昼夜的艰苦奋战，终于保住了徐州城。全城百姓无不欢欣鼓舞，他们为感谢这位领导有方、与徐州人民同呼吸、共存亡的好知州，纷纷杀猪宰羊，担酒携菜上府慰劳。苏轼推辞不掉，收下后亲自指点家人制成红烧肉，又回赠给参加抗洪的百姓。百姓食后，都觉得此肉肥而不腻、酥香味美，一致称之为"回赠肉"。此后，"回赠肉"就在徐州一带流传，并成徐州传统名菜。在杭州时他组织民工疏浚西湖，筑堤建桥，使西湖旧貌变新颜。杭州的老百姓很感谢苏轼做的这件好事，人人都夸他是个贤明的父母官。听说他在徐州、黄州时最喜欢吃猪肉，于是到过年的时候，大家就抬猪担酒来给他拜年。苏轼收到后，便指点家人将肉切成方块，烧得红酥酥的，然后分送给参加疏浚西

125

湖的民工们吃，大家吃后无不称奇，把他送来的肉都亲切地称为"东坡肉"。

面对人生诸多的无奈，苏东坡经历了一次整体意义上的脱胎换骨，也使他的艺术才情获得了蒸馏和升华，他真正地成熟了。苏东坡甚至觉得如果一生能够这样平静地生活在田间未尝不是一件快乐的事情。

元丰二年二月一日，苏轼又被贬到黄州任团练副使。他依旧心情平和，重新开始自己的生活，他自己开荒种地，怡然自得地劳作，把自己称作"东坡居士"，这也就是"苏东坡"的由来。苏东坡认为在黄州猪肉极贱，可惜"富者不肯吃，贫者不解煮"，他颇引为憾事。他告诉人一个炖猪肉的方法，极为简单。就是用很少的水煮开之后，用文火炖上数小时，当然要放酱油。他做鱼的方法，足今日中国人所熟知的。先选一条鲤鱼，用冷水洗，撩上点儿盐，里面塞上白菜心。然后放在煎锅里，放儿根小葱，不用翻动，一直煎，半熟时，放几片生姜，再浇上一点儿咸萝卜汁和一点儿酒。快要好时，放上几片橘子皮，趁热端到桌上吃。

他又发明了一种青菜汤，就叫做东坡汤。这根本是穷人吃的，他推荐给和尚吃。方法就是用两层锅，米饭在菜汤上蒸，同时饭菜全熟，下面的汤里有白菜、萝卜、油菜根、芥菜，下锅之前要仔细洗好，放点儿姜。在中国古代，汤里照例要放进些生米。在青菜已经煮得没有生味道之后，蒸的米饭就放入另一个漏锅里，但要留心莫使汤碰到米饭，这样蒸汽才能进得均匀。善于探究人间美好的东西之人，才有福气！苏东坡能够到处快乐满足，就是因为他对人生持这种豁达的看法。

但是厄运并没有因为苏东坡的释然而停止，在不断的诋毁中，苏东坡的罪似乎愈来愈大，于是苏东坡的贬谪之地越来越偏远，他被流放到岭南劳动改造。当时的岭南是个蛮荒之地，生活清苦，一年到头没几回猪肉吃，比没中举的范进还差，唯一的好处便是盛产荔枝，苏东坡从早到晚，边看书边吃荔枝，再苦再累，耳根清净也就乐得舒服。歌是不唱了，但歪诗还常写来写去，全是写荔枝。当权的人见到他的诗怒不可遏，贬到岭南还磨不灭了他的意志，干脆贬到南头（海南岛）吧。于是苏东坡跨洋过海，到了海南岛。

晚年贬谪海南，这已是十足的流放。苏东坡刚到海南之时，思想感情上的确曾经产生过短暂的彷徨与苦闷，但他很快便以他独特的人生观打透了这层隔膜。他曾写道："吾始至海南，环视天水之际，凄然伤之，曰：何时得出此岛耶？已而思之，天地在积水中，九州在瀛海中，中国在少海中，有生孰不在岛？"念此可以一笑，这样的认识假如不以科学的观点去看，"有生孰不在岛者"倒是一个很豁达而深邃的哲学命题。谁都会在烦恼的包围之中、谁都摆脱不了作为社会的人的环境的束缚，要想求得解脱，只有对这种与生俱来的现象付诸一笑。这就是苏东坡在海南岛上顿然获取的哲理启示。他一再高歌："他年谁作舆地志，海南万里真吾乡"、"九死南荒吾不恨，兹游奇绝冠平生"……表现了对流放海南的不悔不怨之情。这样达观的态度是历代被流放海南的众多政客们无法相比的。他依旧不忘自嘲调侃，依然不改其乐。

苏东坡在中国历史上的特殊地位，一则是由于他对自己的主张和原则，始终坚定而不移；二则是由于他诗文书画艺术上的卓绝之美。他的人品道德构成了他名气的骨干，他的风格文章之美则构成了他精神之美的骨肉。

苏东坡一生的浩然之气不尽。人的生活也就是心灵的生活，这种力量形成人的事业人品，与生而俱来，由生活中之遭遇而显示其形态。正如苏东坡在潮州韩文公庙碑中所说："浩然之气，不依形而立，不恃力而行，不待生而存，不随死而亡矣。故在天为星辰，在地为河狱，幽则为鬼神，而明则复为人。此理之常，无足怪者。"

苏东坡曾对弟弟说："吾上可陪玉皇大帝，下可陪田院乞儿，在吾眼中天下没一个不是好人。"他的随和、大度，使所有人都能跟他亲密相处。苏东坡的乐观也许是无奈的乐观，可是如果没有这份灾难过后的心态调适，失落后的心理转移，落寞之中的自省，或许就没有那些对凄苦的挣扎和超越的优美诗文，也就不会有一个可爱乐观的苏东坡了。

虽然一生仕途坎坷，被流放蛮荒之地生活贫困，甚至被严刑拷打、几乎丧命，他依然自得其乐，微笑接受，不改他顽皮、快乐的天性。他童心不老，他心源不死。所以，乐观精神在他身上得到充分表现，使他成为独异于众的，在厄运面前亦能引吭高歌的乐天派诗人。林语堂先生称他是"一个快乐的天才子"，或许就是这样乐天、幽默的性格，使他成为无可替代的苏东坡吧！伟人的思想与心灵，不过在这个人间世上偶然呈现，昙花一现而已。苏东坡已死，他的名字只是一个记忆。但是他留给我们的，是他那心灵的喜悦，是他那思想的快乐，这才是万古不朽的。

 保持冷静心态，保持心情舒畅

现代医学认为，在影响人体健康和长寿的因素里，精神和性格起着非常重要的作用，一个人的精神状态和性格特点，同先天遗传因素有一定关系，但是更主要的是由后天的社会环境的影响决定的。没有一帆风顺的生活，当灾难和烦恼发生时面对灾难与烦恼，必须居高临下，反复思考，明察原因，这样能使你很快地稳定惊慌失措的情绪，然后鼓足勇气，冷静应变。另外要认识到不幸和烦恼并不是不可避免的，也许是自己钻牛角尖，无端地把自己与烦恼绑在一起，折磨自己。

科学研究表明，"入静状态"能使那些由于过度紧张、兴奋引起的脑细胞机能紊乱得以恢复正常，你若处于惊慌失措心烦意乱的状态，就别指望能用理性思考问题，因为任何恐慌都会使歪曲的事实和虚构的想象乘隙而入，使你无法根据实际情况做出正确的判断。当你平静下来，再看不幸和烦恼时，你也许会觉得它实际上并没有什么了不起。正视自己和现实就会发现，所有的恐怖与烦恼只是你的感觉和想象，并不一定是事实的全部，实际情形往往总比你想象的好得多，人所陷于的困境往往来源于自身，对自己和现实有一个全面正确的认识，是在突变面前保持情绪稳定的前提之一。当你处于困境时，被暴怒、恐惧、嫉妒、怨恨等失常情绪所包围时，不仅要压制它们，更重要的是千万不可感情用事，随意做出决定，要多想想别人能渡过难关，我为什么不能冷静应变，调动自己的巨大潜能去应付突变呢？

大量的实验证明，平衡的心理是任何一个面临突变，但却不被突变所击垮的人必备的心理素质。要学会自我宽容，人世间没有无所不能的人，人外有人，天外有天，企求事事精通、样样如意只会促使自己失去自信的平静。所以应先明了你可以稳操胜券的事情，并集中精力去完成它，你定会因此而感到莫大的喜悦。不要怕工作中的缺点和失误，成就总是在经历风险和失误的自然过程中才能获得。懂得这一事实，不仅能确保你自己的心理平衡，而且还能使你自己更快地向成功的目标挺进。不要对他人抱过高的期望，百般挑剔。希望别人的语言和行动都符合自己的心愿，投自己所好，是不可能的，那只会使你自寻烦恼。有时要回避烦恼去做一些力所能及的事，并以此为荣，以此为乐，这是保持心理平衡的重要一环。

心情舒畅是冷静应变的前提，也是它的结果。但在不幸和烦恼面前，怎样才能使身心舒畅呢？行之有效的办法不外乎是尽情地从事自己的本职工作和培养广泛的业余爱好，暂时忘却一切，尽情享受娱乐的快感。只要你多给人们以真诚的爱和关心，用赞赏的心情和善意的言行对待身边的人和事，你就会得到同样的回报。要学会宽恕那些曾经伤害过你的人，不要总是对过去的事耿耿于怀。宽恕，能帮助我们弥合心灵的创伤。相信自己的情感，千万不要言不由衷，行不由己，任何勉强、压抑和扭曲自己情感的做法只能加剧自己的苦恼。

因此保持冷静的心态，就是多让自己保持心情舒畅，找到一个心态平衡的支点，这样冷静就会慢慢地、慢慢地走近你。

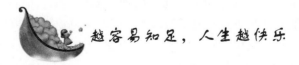

越容易知足，人生越快乐

俗语说得好：知足才能常乐。如果一个人的欲望永无止境，如果任其膨胀下去，必将后患无穷。大家有没有听过"人心不足蛇吞

第六章 乐观豁达，开心快乐

129

相"的故事呢？

从前有一个很穷的人救了一条蛇的命，蛇为了报答他的救命之恩，于是就让这个人提出要求，满足他的愿望。这个人一开始只要求简单的衣食，蛇都满足了他的愿望。后来，慢慢的他贪欲生起，要求做官，蛇也满足了他。他一直做到了宰相，还不满足，还要求做皇帝。蛇此时终于明了，人的贪心是永无止境的，于是一口就把这个人吞掉了。

所以，知足者才能常乐。"人心不足蛇吞相"，人有了贪欲，就永远不会知足，不知足，就会感到欠缺，高兴不起来，也就不会幸福的。贝蒂·戴维斯在她的回忆录《孤独的生活》中曾写道："任何目标的达到，都不会带来满足，成功必然会引出新的目标。正如吃下去的苹果都带有种子一样，这些都是永无止境的。"除非你真正懂得常乐的秘诀，否则将永远不会满足于自己所拥有的。

生活中如能降低一些标准，退一步想一想，就能知足常乐。人应该体会到自己本来就是有所缺少的东西，如果你想要什么都能得到的话，这样的人生反而不完美。

有一位哲学家这样说过："不知道知足的人，是多么的不幸。"那么什么是知足？什么是不知足？

一个富翁，拥有亿万资产，但他还不知足，一味地追求金钱的积累，所以有再多的钱也没有什么用，因为他的感官告诉他没有什么钱的。一个穷人，一个三餐不继的人，他没有多少钱，但他一天高高兴兴的，放下对金钱的渴求，虽然没有多少钱，但他精神是富有的。其实知足和不知足是个人的想法，是一些人对物质财富的感官认识而已。

换句话说，知足不在于你的外表是多么华丽、潇洒，而在于精神世界的富有、高尚；知足不在于你拥有多少名利，而在于你的身心是否洒脱；知足不在于财富的多寡，而在于对物质欲望的大小。

希腊大哲学家伊壁鸠鲁也说过："如果你要使一个人幸福，别增添他的财富，而要减少他的欲望。"一点都没错，要得到快乐和满足，并不需要追求什么，而是要放弃哪个追求。放弃越多，欲望就越少；欲望越少，满足就越多。所以，能够知足的人是最幸福的人。

学会让别人快乐

汶川大地震的时候，在网上热传了这么一个故事：

一位中年老外拿出钱包里的一张百元大钞，随手给了躺在地上身高不到 1 米的残疾乞丐。半分钟之后，乞丐一瘸一瘸艰难走到 50 米外的一个募捐箱边上，将这张百元大钞塞进了募捐箱，随即转身离去。发生在深圳市华强北街的这一幕，感动了现场的数百市民，也引起网友热议。

亲历现场的网友纷纷说："太不可思议了，当时很多人都哭了。"还有很多网友赶紧掏出相机，记录下了那一幕。随后，网友们和围观的路人情不自禁鼓起掌来。

其实很多人的不满足都因为他们想得到"更多"的欲望，都渴望更多的钱、更好的工作、更漂亮的妻子，还有房子、车子。这么多东西又有哪一天能够知足呢？

第七章　亲情感恩，快乐相伴

　　秋日里，父母为你添上的一件暖衣，或是冬日里的一杯热茶，这一切，虽然很小，甚至微不足道，但是它们都向我们证明了：亲情之花永不凋谢，亲人们的爱永远都在。

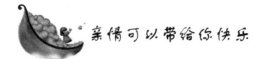
亲情可以带给你快乐

有那么一种花，春天里不自命清高，仍与百花齐放，微笑着与百花争夺阳光；有那么一种花，永远都是平易近人，她不是富贵的象征，却总比富贵更能令人感受到快乐；有那么一种花，她凌霜，她傲雪，她永远不畏惧恶劣的天气，总是那么美丽的开着，开着……这，便是亲情。

亲情不因季节而改变，不因成长而改变，不因金钱而改变，就像是一个天真的孩子永远都拥有自己那颗无比纯洁的心一样。在春天里，亲情温暖着我们的心房。守在我们一旁默默帮助、支持我们的亲人在一把把地为我们捧来阳光的温暖，家的温馨，这一刻亲情很平凡、但很美。夏日里，房檐下拿着雨伞害怕你放学淋到的是亲人略带冷颤的背影，以及秋日里，父母为你添上的一件暖衣，或是冬日里的一杯热茶，这一切，虽然很小，甚至微不足道，但是它们都向我们证明了：亲情之花永不凋谢，亲人们的爱永远都在。有人喜欢牡丹，为了富贵而舍弃亲情，而当富贵射他而去世，唯一不不安的是家，是亲情，富贵不等于快乐，拥有富贵不如拥有亲情，真正的幸福着会努力给人们关心，也会尽情享受亲情的温暖。就像一个富翁，失去亲情，他的心灵将会变得空虚，金山银山也只是身未外之物。所以，喜爱牡丹的人们不要忘了——亲情将会带给你快乐。

"采菊东篱下，悠然见南山。"是的，陶渊明像菊，高洁傲岸，但是，亲情不像菊，陶渊明也不会像菊那样对待亲情。"僮仆欢迎，稚子候门"，欣赏菊的同时，陶渊明也珍视亲情，不对仆人居高临下，所以，即使是"种豆南山下，草盛豆苗稀"的窘境，陶渊明的内心仍让是快乐的，谓之："因事顺心"。所以，亲情是属于每个人的，不像菊只属于秋季，亲情，因人人共有而平凡，易被忽视，亲情，又因某一刻的回眸而令人感动。当那枝花萌芽时，他与所有的花一样备受呵护；当那枝花开了，它便拥有与所有的花不一样的花季，那便是一生一世；当那枝花儿的芳香感动你时，她才被懂得，她才受到所有的花都应该有的赞叹，这，便是亲情。

亲情绝不仅仅是血缘关系那么简单，我们在生活里需要领悟的不仅仅是如何赚到更多的物质财富，还要领悟爱，否则，即使我们的高楼座座耸入云霄，我们也是失败的。

年轻这个词有多种含义，它既意味着青春、美好、斗志、激情，同时也伴随着青涩、迷惘、盲目和经验的缺乏，年轻人所特有的奇思妙想让人如沐春风，他们思想中的盲点却也让他们自己吃尽苦头。有时你会纳闷，年轻人那些奇怪的念头究竟是从哪里冒出来的？但是当你偶尔翻出自己从前所写的日记，你就会发现，原来自己当时也是一样的。

谁也无法弄清楚年轻人到底有多少奇怪的念头，就像你永远数不清天上的星星一样，有很多在我们眼里天经地义顺理成章的事情，他们却不屑一顾甚至嗤之以鼻，比如一位年轻的女士写信向我阐述她对血缘关系的雷人看法，她这样写道："所谓的血缘关系真的是那么重要吗？在我们这个年龄的孩子基本都不喜欢自己的父母，兄弟姐妹之间也毫无共同语言，而父母总是告诫我们和自己的亲人要相亲相爱，其实他们根本不理解我们，兄弟姐妹之间为什么非要相亲相爱呢？我们的喜好不一样，我们的人生观也不一样，难道只因为我们有所谓的血缘关系，我们就要彼此爱护吗？这太荒谬了！"

当你听到这里，也许会像这位年轻的女读者一样感叹一句："这太荒谬了！"但它却是事实，触目惊心的事实，在现代家庭里面我们都面临着这样的压力，这些压力源自我们所生活的这个时代。我们有了更大的房子，却让我们的亲情变得狭窄，我们的汽车能更快地抵达目的地，我们却不能及时地和自己的亲人做情感上的沟通。这些光怪陆离的现象，让我想说一句："这太荒谬了！"

一定要让孩子们知道，父母子女、兄弟姐妹之间的亲情绝不仅仅是血缘关系那么简单，我们在生活里需要领悟的不仅仅是如何赚到更多的物质财富，还要领悟爱，否则，即使我们的高楼座座耸入云霄，我们也是失败的。

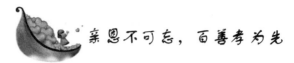亲恩不可忘，百善孝为先

孝乃做人之大道，孝敬父母是中华民族的传统美德，赡养父母是每一位做儿女的义务。父母的爱对于我们每个人来说是伟大的，他们的关爱和呵护陪伴我们走过人生的坎坷。虽然父母不图回报，但那种伟大的爱是我们今生今世难以报答的。

云上中学的时候，父亲去世了。她怕母亲承受不了重大的打击，每天放学后都会把同学领回家做作业，让家中热闹一些，让母亲不再生活在伤悲的气氛中。母亲在她的眼光里读出了关切，每天上学时总是慈祥地摸摸她的头，让她好好学习，一切不用担心。

有一次，她放学回家听到屋里有母亲的笑声，这久违的笑是妈妈自父亲走后半年也没有过的。她推开房门，发现家属院的医生王叔叔正帮母亲换煤气罐。这时，云看见母亲的脸上闪烁着动人的美丽。

不知道为什么，她不愿母亲的美丽在不是父亲的男人面前流露，更不愿母亲把爱分给别人。她的脸马上沉了下来，故意大声说话打断母亲的笑声，后来，又翻箱倒柜地折腾，为的是将王叔叔赶走。

那时，她开始担心，担心母亲会为她领一个继父回家，她不想要继父。她认为，母亲只爱她一个人是应该的，有她全部的爱对母亲来说也就足够了。

后来，每当王叔叔来时，她总是冷着脸，把电视音量开到最大，并用力地摔门，想方设法表示自己的反感。这样不算，她还从老家搬来奶奶当救兵。

奶奶直接反对母亲与王叔叔交往，并提出如果母亲改嫁，就把孙女带回老家。

母亲流泪了，她怎么舍得她生养的女儿离开她，从此家中再也没有出现过王叔叔的身影。云暗自庆幸终于取得了胜利。

她日甚一日地美丽起来，而母亲却不可避免地衰老下去。

云大学毕业后有了自己的家庭。远在外地军营的丈夫回不来，双胞胎的儿女都是母亲帮她带大。不知不觉，岁月流逝，当爱人转业回来，她享受着一家人的欢乐时，却发现已经驼背的母亲在自己的房间里显得那么孤独。她想，这辈子一定要好好报答母亲。

云的儿女长大去外地读大学了，她自己也到离家很近的单位上班，母亲再不用起早做饭了。云一心想让母亲安度晚年，星期天便和丈夫陪母亲去旅游，让她散心。在旅游中，母亲竟见到了已搬离小区、由儿子陪伴的王叔叔。他早已头发花白，但母亲的眼里却有一种幸福的感觉，那是云这么多年从来没见过的。

忽然，她意识到这么多年自己是多么残酷地剥夺着母亲的青春和美丽，剥夺着母亲爱与被爱的权力。

旅游回来后，她一夜未眠。第二天，她坐上公交车，从城东赶到城西，主动找到还是单身的王叔叔，向他认错，并为母亲牵线搭桥。终于，母亲有了自己的感情依靠，有了个温暖的家。云也悔恨自己为什么直到为人母时才能真正理解母亲。

做人要记住："寸草当报三春晖"。天下做儿女的，趁父母健在，善待他们吧，不仅是在物质上，更要在精神和情感上关心他们。在父母能够言爱的时候，一定不要阻止他们的激情与情感，在他们能够享乐的光阴中为他们贮藏欢乐与美好，让他们的心灵有一个可以寄托的家园，让操劳一生的父母幸福地安度晚年。最好的孝道无非如此。

父母是这个世界上最可敬的佛

父母是这个世界上最可敬的佛，无论何时，父母无私的爱都会像佛光一样为你映出一片光明。因为，亲情才是永恒不变的人间至爱。

听人们讲过这样一个故事：从前，有个年轻人由于迷上了求仙拜佛，不听母亲的苦苦劝解，想放下农事四处云游。

137

有一年，这个年轻人听说远方的山上有位得道的高僧，便想去那里讨教成佛之道，趁母亲走亲戚的时候，他偷偷从家里出走了。

他一路上跋山涉水，历尽艰辛，终于在山上找到了那位高僧。

当他向高僧问佛法时，高僧开口道："你家里还有什么人？你想成什么样的道，成为什么样的佛？"年轻人回答："能像您这样即可，再不用整天听我母亲的唠叨了。"接着，年轻人便说出了自己的想法。

高僧听后说："原来如此，我可以给你指条得道成佛的路。不用每天在这里吃斋念佛，吃过饭后，你即刻下山，一路到家，但凡遇有赤脚为你开门的人，这人就是你要找的佛。你只要悉心侍奉，拜他为师，成佛必定不难！"

年轻人听后大喜，遂辞别高僧，欣然下山。

一连几天，他一路走来，投宿了好几家都没有遇到高僧所说的赤脚开门人。他开始对高僧的话产生了怀疑。

午夜时分，快到自己家时，他彻底失望了，犹豫地站在门外，不知该不该回这个家。忽然疲惫至极的他无意中碰响了门环，屋内立刻传来母亲苍老惊悸的声音："谁呀？"

"我，你儿子。"他沮丧地答道。

很快地，一脸憔悴的母亲大声叫着他的名字打开门。在昏暗的灯光下，母亲流着泪端详他。这时，他一低头，蓦地发现母亲竟赤着脚站在冰凉的地上！

刹那间，他想起高僧的话，突然什么都明白了。

年轻人泪流满面，"扑通"一声跪倒在母亲面前。

生活中，不管是失意，还是绝望的时候，都不要忘记身边有父母的关爱。尽管他们不能点拨你什么，但他们慈爱的目光是可以停泊的港湾，更是力量，是希望。

父母的爱有多种方式，无论哪一种都是为了鼓舞子女去行那风雨长路，勇敢地去走那山一重，水一重。

在1997年、1999年两次入选湖北省"跨世纪人才"的顾豪爽，就是被父母"骂"出来的教授。

顾豪爽出身于农民家庭，从小父母就对他非常关爱，对他的学习也很重视。考高中时，榜上有名的他却怎么也高兴不起来。因为母亲长年卧病在床，家中4个弟弟妹妹也要读书，只靠父亲一个人劳动挣工分实在难以维持。作为长子的他想分担父亲肩头的重担，于是，他找到父亲，说想辍学帮助家里干农活。

谁知父亲听后大骂："你这个不争气的东西！爹妈累死累活图个啥！不就为了让你们活得有出息吗？都像我们这样一个字不识，子子孙孙怎么成才？家里的事你不用管，快滚到学校去报名。"母亲也说："学习上，我和你父亲帮不了你，但我们就是船，再苦再累也要把你们兄妹几个渡到河对岸。"

顾豪爽没想到自己弃学会惹得父亲大发脾气，看到父母为自己上学付出如此大的代价，他觉得如果不好好学习就太对不起父母了。高中期间，顾豪爽埋头苦学，每年成绩总是名列前茅。

全国恢复高考后，顾豪爽由于书本丢的时间太长，落榜了。

1978年8月，顾豪爽第二次参加高考，被武汉师范学院物理系录取了。这时，他已在队里跑船，减轻了家里许多负担。他想父亲日渐年迈，弟妹还未长大，我这一走，家里怎么办？

看到他犹豫不决，父母亲又像以前上高中时一样，把顾豪爽"骂"出了门。

父亲说："我不指望你挣工分养活家里，我千辛万苦就是为了培养有出息的孩子。你这样丢西瓜捡芝麻配当顶天立地的男子汉吗？"母亲也说："我生下你们就会想办法养活你们，你只管放心读书，不准逃学！"父母的一番话说得顾豪爽哑口无言。

在大学里，顾豪爽十分珍惜这来之不易的学习机会。生活虽然清苦，但他学习成绩却是名列前茅。1982年，顾豪爽留校任教；1985年，他又考取研究生；1993年，他考入华中理工大学攻读博士学位，后来他成为湖北大学物理与电子技术学院院长、教授。

顾豪爽的父母含辛茹苦，以他们独特的爱为儿子开辟了成才的道路。顾豪爽日后提起父母苦撑苦熬支持他读书的事情时总会激动得落泪，他说："父母是最可敬的佛。在我的一生中，是父母对我的支持、关爱伴随着我走向成功，我将永世不忘他们的恩德。"

子女在成长过程中，全心全意付出和支持他们的永远是父母。

山悠悠，水悠悠，纵是儿女远隔万水千山，父母们最牵挂和关心的都是子女。

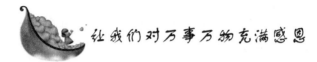

让我们对万事万物充满感恩

我们常抱怨生活不美好，其实不美好的生活是自找的，只要懂得对生命感恩，就会自然生出美好的生活。从现在起，让我们学会感恩吧！感谢阳光，感谢雨水，感谢星星、月亮，感谢巷口的那只流浪狗、叫醒我们的闹钟……让我们对万事万物充满感恩！

有一个恶行重大的囚犯，一个人被关在独居的牢房中，整天看不到其他人，也无法和任何人说话，三餐都是通过墙上的小洞送进来的。

有一天，一只小蚂蚁爬进他的牢房。他看着蚂蚁四处爬动，因为穷极无聊，就把它放在手掌上把玩，喂它一两粒米饭，晚上则把它关在自己的茶杯里。

这时，他突然发现自己活了这么多年，却从来不懂得欣赏蚂蚁的可爱，不觉怅然若失。

生活中原本有许多美妙的东西，只是由于我们太匆忙、太浮躁，而没有好好地去品味、去把握。现在，如果让你静下心来，回顾一下以前的有趣生活，你又将会怎样思考人生呢？

冥冥的生命当中，一定有许多我们未曾发现的奇迹，它们可能藏在生活的细枝末节里，一如冷冬里的阳光，因天气的寒冷而被我们忽略了它的暖意。

很多事物都暗含美感，都会给人带来赏心悦目的欢欣和喜悦，只是需要我们用心去感知，用情去体味。

想一想：此刻的我们，能够快快乐乐地活着，应该感谢谁呢？

让我们一起来想，天存在，才有我们；地存在，才有我们；亲人存在，才有我们。

天地覆载是值得感恩的，不然，地震、海啸、龙卷风一来，我们都无法拥有此刻的安宁自在。

日月照临我们是得感恩的，不然，太阳爆炸、月球撞地球，只要宇宙间有一点点儿失序，人类就灭亡了。

山河大地孕育许多资源，这就更值得我们去感恩了，想想没有水、没有食物，我们还能生存吗？

父母养育更该感恩，没有父母，哪有今日的我们？

老师、朋友的存在也该感恩，没有他们一路陪着我们，我们可能早就被途中的挫折给打败了。

想想，原来值得我们感恩的有这么多，当生活中充满感恩，就不会有抱怨。

抱怨的心是无法成就任何事的。如果有人觉得这个世界不美，就是因为感恩减少了。不知感恩就不会付出，没有付出，就无法懂得有付出才会有回报的简单道理。

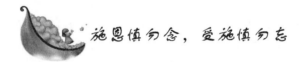

施恩慎勿念，受施慎勿忘

"施恩慎勿念，受施慎勿忘"，这是前人给我们留下的施惠勿念的古训。一个人为别人做了好事，应当忘记，不要念念不忘，更不应希冀别人回报。

先贤们为我们留下了许多"施惠与人不求回报"的动人事例。晋人所撰《神仙传》上记叙了一个耐人寻味的故事：

三国时候，东吴人董仙定居庐山，以医为业，给人家治病，他不向患者要金钱报酬，也不记患者的名字，只求患者回去后栽种杏树。治好轻病的栽一棵，治好重病的栽五棵。若干年后，共栽得杏树 10 万棵，绿荫成林，造福子孙后代，所以人们后称杏树为"董仙杏树"。

董仙为别人做了好事，不是要受惠者给自己以恩谢，而是要求受惠者为他人、为社会做好事。

"施与人者勿望回报"，这是施惠勿念的本质要求。清代人冯班

141

说得好："为惠而望报，不如勿为，此结怨之道也。"意思是：给予别人恩惠却又希望得到别人报答，还不如什么都不给，否则反而会因此与别人结下怨恨。所以，施惠图报乃人际交往之大忌。

施惠勿念，应培养自己"为善不欲人知"的道德情操。一个发自内心的真诚施舍，不是为了扬名，而是真诚相助。这样的施惠者，自然不会有求于对方回报的念头。这是一种崇高、无私、真诚的人生境界。

要做到施惠勿念，还要培养"有德不必望感"的思想品格。

清人在《古今药石》中说："我有德于人，不必望感。"意思是说，我对别人有恩德，不应该希望对我感恩戴德。《菜根谭》中也讲："为善而急人知，善处即是恶根。"其意是说，一个人做了一点善事就急着让人知道，就证明他的做善事只是为了贪图虚名的赞誉，这种怀着个人目的才去做善事的人，在他做善事的同时就种下了伪善的祸根。要塑造自己有德不必望感的品格，树立多行善事而不求回报的风格，这是道义的要求。是人类进步的标志。

施惠勿念主要讲的是对人施恩后不要念念不忘，而要把这种精神扩展到对社会的奉献，那就升华到了一种无私奉献的境界。

有这样一个故事：

一个官吏下乡巡视，看到一位白发老翁弯着腰正在种植松树幼苗。官吏好奇地问："你这样大的年纪，种这么小的幼苗对你有什么用呢？"老人说："我知道一株松树要成材至少要 50 至 100 年之久，我不可能看到这些树苗长大成林，但一个人做事不能只是为了给自己得到好处，应该为将来和社会进步考虑。"官吏听后很感动，轻轻给他鞠个躬走开了。此后，他兢兢业业，在任上为百姓谋福利。

我们应该把古人讲的"施惠勿念"作为今天待人处世的座右铭。一个人能施惠于人，本来是件好事，但如若责其回报，不仅原来的好意将灰飞烟灭，且表现了自己人格的低下。高尔基说得好："要知道'给'永远比'拿'更愉快。"

老人这种施恩与人不求回报的品格，不正是我们今天所倡导的无私奉献精神吗！

施恩的行为不是为了回报

施恩的行为不是为了回报，重要的是把这份爱传递给别人。古语说得好："一个真正的君子应当施恩不图回报。"当你给了别人帮助，不要想着能从对方那里得到什么。有的人付出一个，想从人家那里挽回十个，如果有这种贪婪的做法，施恩不如不施。既然"施恩"便应"无私"，假若"有私"且慢"施恩"。一个人做了好事，还要追着别人讨赏，便让人不会那么舒服。如果大家都是这样，"无名英雄"从此真的就要灭亡了。

马克·吐温说过，"报恩和背信是同一行列的两个极端"，这不无道理。一旦地位发生变化，受恩者一定会去谋求报恩。"士为知己者死，女为悦己者容"，其实也是一种倾其所有换取精神平衡的偿还。助之不疑，疑之不助。忘恩负义、过河拆桥之徒，毕竟还是少数。如果"施恩不为图报"，遇上"滴水之恩，当以涌泉相报"，这才是"施恩"、"受恩"两者的良性循环链。有人这样评论，"慈善不仅仅是一种物质的捐助，那样不如说是施舍，慈善应是一种物质的捐助和情感表达的契合，如果没有精神上的交流和付出的话，那么，这种机械的捐助就会充满索取，实际上是一种放贷！"

香港慈善家霍英东先生在世时，在祖国内地为推动各地教育、医疗卫生、体育、山区扶贫、干部培训等方面，不知施了多少恩。然而，霍英东先生未曾求取什么回报。若要说有的话，霍英东先生所求的回报，就是盼望被他"施恩"的地方兴旺发达起来。有一次，某媒体记者问他一共向祖国内地捐赠了多少钱，他回答不出来，只是谦虚地说："我的捐款，就好比大海里的一滴水，作用是很小的，说不上是贡献，这只是我的一份心意！"当然，霍英东先生是大慈善家：除了"大恩"者的胸襟，更有"大德"者的境界。

有这么一个小故事说的就是给人以恩，不图回报，反而利人利己：

第七章　亲情感恩，快乐相伴

143

从前，有一个小男孩，他的母亲得了一种很严重的病，无钱医治，于是这个小孩就去推销产品，劳累了一天也没有卖出去一件。这个时候他饥肠辘辘，但是他摸遍了全身，也没有找到一分钱。于是他决定向下一户人家讨点剩饭吃。当一位美丽的年轻女子打开门的时候，这个小男孩却有点不知所措了，他没有要饭，只祈求给他一口水喝。这位女子看到他十分饥饿的样子，就拿了一大杯牛奶给他。男孩慢慢地喝完牛奶，不好意思地问道："我应该付您多少钱？"年轻女子回答道："一分钱也不用付。妈妈教导我们，施人以恩，不图回报。"男孩说："那么，就请接受我由衷的感谢吧！"他深深地向年轻女子鞠躬，说完男孩离开了这户人家。

此时，他不仅感到自己浑身是劲儿，而且似乎看到命运正朝他点头微笑，那种男子汉的豪气像火山一样迸发出来。其实，男孩本来是打算退学的。

若干年之后，那位年轻女子得了一种罕见的重病，当地的医生对此束手无策。最后，她被转到大城市医治，由专家会诊治疗。当年的那个小男孩如今已是大名鼎鼎的霍华德·凯利医生了，他也参与了医治方案的制订。当看他到病例上所写的病人的来历时，一个奇怪的念头霎时间闪过他的脑际，他马上起身直奔病房。

来到病房，凯利医生一眼就认出床上躺着的病人就是那位曾帮助过他的大恩人。他回到自己的办公室，决心一定要竭尽所能来治好这位大恩人的病。从那天起，他就特别地关照这个病人。经过艰辛努力，手术成功了。凯利医生要求医院把医药费通知单送到他那里，他在通知单的旁边，签了一段短短的文字。

当医药费通知单送到这位特殊的病人手中时，她不敢看，因为她确信，治病的费用将会花去她的全部家当。最后，她还是鼓起勇气，翻开了医药费通知单，旁边写着霍华德·凯利。

我们要相信爱是有轮回的，其实有很多这样的事情已经在我们身边悄然发生着，就像抗震救灾中的爱心传递一样，无数热心人用无私的精神奉献出了自己的爱心，虽然有很多人连名字都没有留下，但他们却让生命体现了最大的价值。因为爱已经通过人类的心灵开始传播了，赠人玫瑰，手留余香！

施恩要尊重对方的风俗习惯

一位在德国的留学生在那里遇到一件感恩非要回报自己的事情，留学者起初不同意，他认为那是中国的传统美德，殊不知，给人以恩，也要尊重对方的风俗习惯。

在德国留学的中国青年王波，他有一个愿望，就是骑着自行车去旅行，于是他决定从波恩出发，沿着莱茵河开始他的愿望之旅。

当他来到莱茵河沿岸的一座小镇投宿时，却被几名身着制服的警察拦住。德国的治安相当不错，几名警察对他也很客气，在仔细询问了他从哪里来之后，彬彬有礼地把他请到了警局。不明就里的王波非常紧张地向警察询问缘由，可是对方对情况也并不清楚，说是受一个叫做克里斯托的小镇镇长之托来寻找他。

来到警局不久，王波就接到从克里斯托打来的电话。在电话里，小镇镇长掩饰不住欣喜地告诉他，要他回克里斯托小镇领取 500 欧元的奖金和一枚荣誉市民奖章——这是小镇历来对拾金不昧者的奖励。

原来，两天前王波路过克里斯托的时候，将捡到的一个装有几千欧元现金和几张信用卡的皮夹送到了市政厅，连姓名都没有留下就悄悄离开了。这次镇长希望他回去，他当然是想都没想就推辞了。镇长问他为什么，他回答说，施恩不图报是我们中国的传统，自己如果接受那笔奖金和荣誉，反倒显得动机不纯。

镇长想了想，问王波："你知道我们是怎样找到你的吗？"王波说不知道。镇长告诉他，在他离开后，镇上的人们立即开始打探这个善良的东方青年的下落。由于王波在镇上只是稍作停留，镇上的人也只是听说他在沿莱茵河旅行，连具体的方向都不清楚。小镇的警局只好把对王波相貌的拼图电传给上下游两岸的十多个城镇的警局，发动了百余名警力，这才把他找到。

听到两天来克里斯托小镇如此劳师动众地寻找自己，王波很是

第七章 亲情感恩，快乐相伴

感动，也很不理解，既然自己都已经离开，还有必要如此大费周折吗？如果不找的话，岂不是替失主省下了这笔钱吗？

镇长听到他的话之后，用英语说了句"东方式思维"，然后严肃地回答："施恩不图报，并不是你们中国人眼中简单的个人问题。可以说，你拒绝我们的请求，已经相当于在破坏我们的价值规则。那些奖励你可以不在乎，但你必须接受。因为那不仅仅是对你个人的认可，也是整个社会对每个善举的尊重。对善举的尊重，是我们每个公民的责任，也让我们有资格去劝勉更多的人施援向善。所以，我们才不能因为你的无私而放弃履行自己的责任。"

正是这番话颠覆了受中华传统熏陶的王波对"施恩不图报"的理解，也让已经旅居德国近一年的王波第一次真正认识到所谓的"德意志智慧"，还有这个民族近似古板的严谨和固执。

王波最终答应回到了克里斯托，因为他明白自己实在辜负不起那份尊重。他还明白了，即使是对他人施恩，也要尊重对方的风俗习惯。只有这样，才是真正地带给别人帮助，最后他人愉快，自己也高兴。

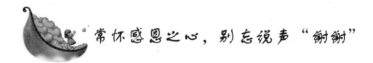

常怀感恩之心，别忘说声"谢谢"

常怀感恩之心，人与人之间就多一些融洽，少一些隔阂；多一些团结，少一些摩擦；多一些理解，少一些埋怨。当然也不乏极端者，怨天尤人，将对所有人的仇视写于脸上。亦有不少人，总因别人的一时不对，而怀疑人性，对世界充满失望，而我想说的是，请放下心中的忌惮，真诚地说声"谢谢"。

无论生活还是生命，都需要感恩，同时也别忘了说声"谢谢"。你感恩生活，生活将赐予你灿烂阳光。你只知怨天尤人，最终可能一无所有。有研究表明，在正面激励因素中，感恩被认为是培养道德良知、增强人格魅力和提升成长力量的最好催化剂。感恩之心驱使下的人有别于常人，他们执著而无私，博爱而善良，敬业而忠诚，富有责任感和使命感。

相反，一个不知感恩的人，是素质不全面的人；一个缺乏感恩的集体，是没有凝聚力、向心力、战斗力的集体；一个抛弃感恩的社会，是充满尔虞我诈、假冒伪劣、没有安全感的社会。懂得感恩的人，总是对他人、对集体、对社会充满感激，并且将这种感激转化成奉献社会、刻苦学习、孝敬父母、勤奋工作的实际行动。

请怀抱感恩之心对待我们的人生，对待我们的世界！感恩是中华民族的传统美德，从"滴水之恩，涌泉相报"到"衔环结草，以谢恩泽"，再到"乌鸦反哺，羔羊跪乳"，我们有着深厚的感恩文化传统，也深深地滋养着一代代人。

现在，无论是王乐义身患癌症不辞辛苦推广大棚蔬菜技术，还是华益慰以高尚医德和高超医术彰显济世良医的仁慈心怀；无论是张尚昀背着重病母亲求学进取，还是洪战辉历尽艰辛带着"弃婴妹妹"读大学。从某种意义上说，他们的德行，都源于一颗感恩的心，进而升华为一种浓厚的感恩之情，那是对人民、对社会、对祖国的深深的情感。

有人说，感恩是一种境界，所以感恩的人，经常想的是自己应该如何奉献，而不懂感恩的人，经常想的是别人欠自己，如何去索取。

下面就是这么一个小故事：

一位退休了的先生，看望一位几十年前的小学班主任，向她表达久藏在自己心中的谢意时，只见老班主任眼里闪着激动的泪花。

有一次，这位老先生从外地回来，买的是 8 点的车票，还有一个多小时，他看了看手表。为消磨时间，便来回在候车室外溜达。

"先生，擦皮鞋！"

"先生，擦皮鞋吧！"

起初，任凭他们怎么吆喝，老先生就是没有一丝要擦皮鞋的意思。走着走着，又是一声"先生，擦擦皮鞋吧！"老先生低头一看，是一个四十来岁的中年男子，他试探着向老先生问道。老先生看看他自己的皮鞋，想想还有一个多小时呢，于是便坐在了中年男子面前的凳子上。

147

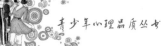

"先生，您是用好一点的鞋油还是一般的？"

"一般的就行了！"老先生回答道。

"瞧你鞋子那么好，该用好一点的鞋油。"老先生知道自己的鞋并不是那么好，但他既然都那么说了，就擦好一点的吧。

老先生伸出了左脚，接着是右脚，任凭他在自己的鞋子上擦拭。在老先生的心里，他只是在消磨等车的时间。中年男人动作很娴熟，鞋很快就擦好了。在整理着他的擦鞋工具时，老先生从口袋里摸出2枚1元的硬币，递给了中年男人，并出于礼貌微笑地说："谢谢你，师傅！"也许是这声"谢谢你"，中年男人竟然忘记了用手来接老先生递给他的钱，只是用一种异样的目光看着老先生，仿佛在对他说："你说谢谢我？"

此时的老先生心头一颤，是呀，一个擦鞋，一个给钱，天经地义。也许，他心里压根就没打算要人说声"谢谢"；也许，他已经习惯了人们静静地坐下，擦完后给钱走人，甚至有时还要听顾客的故意找茬的话，过后又继续招呼新的客人。

不经意的一句"谢谢你"，居然还能让一个人感动成这样，这是老先生始料不及的。

正是有了这么一份感恩的心态，才让老先生习惯性地说声"谢谢"，也才会让中年男人备受感动。

学会感恩，就是永远不要忘了说声"谢谢"，因为感恩是对有限生命的珍惜，是一种对生命的恩赐的领略；感恩是对给予我们的人的牵挂；感恩是对现在拥有的在乎。

第八章　幽默沟通，赢得快乐

　　在人类智慧的财富中，幽默被认为是无价之宝。人们需要各式各样的财富，也时刻需要幽默，如同树木需要阳光、空气和水分一样。

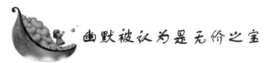

幽默被认为是无价之宝

在人类智慧的财富中，幽默被认为是无价之宝。人们需要各式各样的财富，也时刻需要幽默，如同树木需要阳光、空气和水分一样。充满幽默的人生是富有的人生，在人类智慧的财富中，幽默像夜空中神秘的星星数也数不清。

幽默可以帮助我们增强活力。从幽默中汲取力量，可以使我们应付任何困境，摆脱种种烦恼。不懂幽默的人，很难懂得调节情绪的方法，从而导致其所遇到的困难会更多，其情绪也更容易消沉。面对困难重重的人生，我们应该训练和培养自己的幽默感。

李某以前很呆板、木讷，不善言笑。后来他认识到幽默在生活和工作中的重要性，开始研究幽默，经过几个月的努力，现在他已被人称为是幽默专家。

李某有个坏习惯，上班经常迟到 10 ~ 20 分钟。

有一天，上司当着同事的面严厉地批评了他，同时宣称如果他再迟到一次，就会被炒鱿鱼。李某尴尬极了，他发誓翌日一定提早出门，避免迟到。

不幸的是，第二天他被一场堵车所困，在 9 点 15 分时才走入办公室。

他的上司早已皱着眉站在办公室中央。李某放下他的公事包，走向他的上司，主动伸手与上司握手并说道："嗨，先生，我是前来应聘的，应聘那个约在 15 分钟前多出的空缺"。上司只好苦笑地挥一挥手说道："赶快去工作！"

正如俄国文学家契诃夫说过："不懂得开玩笑的人，是没有希望的人。"具有幽默感的人，生活充满情趣，许多看来令人痛苦烦恼之事，他们却应付得轻松自如，使我们的生命重新变得趣味盎然。

我们多么羡慕那个永远是乐呵呵的大肚子弥勒佛，"大肚能容，容天下难容之事；笑口常开，笑世上可笑之人。"

我们应该学学这位大智大觉者，在生活中的每个人都应当多一点幽默感，少一点气急败坏，少一点偏执极端，少一点你死我活。

假如说，人可以分为生动的人和枯燥的人的话，那么富有幽默感的人可谓是生动的人。与生动的人相处会使你感到愉快，而与缺乏幽默感的枯燥的人相处，则是一种负担。"酒逢知己千杯少，话不投机半句多"这句话，如果可以借用一下，不是也可以证明这点？同样的，一篇充满幽默的文章，会令人精神为之一振，而一场毫无幽默可言的报告，却叫人昏昏欲睡。在日常生活中，往往还会遇到这样的情形，有的人只要熟悉，你尽可以和他说说笑笑；有的人却不，平时再熟，你要是和他说个笑话什么的，他会马上一反常态，使你处于尴尬的境地，弄得你啼笑皆非。虽然幽默并不一定都促人发笑，幽默更多的是发人思考。

幽默的人善于控制自己的表情，喜怒哀乐，或见之于形，或藏之于心，潇洒而自然。缺乏幽默感的人严肃多于欢乐，不该严肃的时候严肃，不该正经的时候正经。

在关键时刻，幽默可以避免正面的冲突，以积极向上的态度，以乐观的情绪，以迂回的方式去面对困境。要是法拉第正面回答问题，是很难得到承认和理解的；要是正面去对抗，更易招致怨恨，使沟通和交流中断；要是回避问题，那么他的理论永远也无法让别人信赖。但是，他以一种幽默的方式去启示对方，让对方以发展、宽容的眼光对待眼前的现实，同时也增添了自己的勇气和信心。

科学家、发明家和探险家它发现自然的奥秘来改善我们生活的品质。但是即使在他们似乎严肃思考的一刻，他们也拥有幽默感。在缔造伟大发现的过程中，重要的是对成功之前无可避免的无数挫折，必须以幽默的态度对待。

我们把历史往前推到发明大王爱迪生的时代。爱迪生是个科学家、发明家、商人。感谢爱迪生，由于他的发明我们才能有现代的电灯设备、照相机、复印机和电影——这些还只是他充沛的活力贡献给人类的一小部分而已。

更重要的是，爱迪生是一个幽默家。他的幽默给了他许多活力，使之去完成伟大的业绩——因为他能对任何事情作趣味观，并以轻

151

松的态度来看自己。下面只是其中的一例：爱迪生小的时候当过小贩，在火车上兜售糖果、点心和报纸。有一次，火车上的管理员不耐烦地扯了他的耳朵——这就是他后来耳聋的原因。但是爱迪生对自己的缺陷作趣味观。他幽默地说："耳聋使他杜绝外界无聊的谈话，使他能更专心。"

他还对成功的途径也作趣味观，他说："在等待的时候，更努力工作的人，一切好运都会降临到他的身上。"

爱迪生致力于发明白炽灯泡时，有一位缺乏想象又毫无幽默感的人取笑他说："先生，你已经失败了1200次啦。"爱迪生回答说："我的成功之处就在于发现了1200种材料不适合做灯丝！"说完，他自己纵声大笑起来。这句妙语后来举世皆知。爱迪生以笑容和幽默面对困难重重的科学发明事业，不断激励自己，既不为失败而忧心忡忡，也不为世人的讽刺挖苦而感到焦虑、困惑，最终发挥出了卓绝的创造力。

爱因斯坦也是一位幽默大师。

有人要求爱因斯坦解释他的相对论，他回答说："如果你和漂亮的女孩子在一起坐了一个小时，感觉起来好像才过了一分钟。如果你坐在热炉子旁边一分钟，就好像过了一个多小时。这就是相对论！"

两句幽默的话语，几段短小精干的幽默小故事，或者一张令人发笑的幽默漫画，都可叫人顿生灵感，从困境中走出来，在面前呈现出条条光明大道。

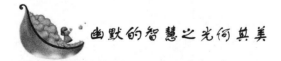

幽默的智慧之光何其美

幽默是一种生活的智慧，是对生活的洞察，懂得了如何收集、开发、运用幽默的资源，就知道了如何面对纷繁复杂的人生。

歌德有一次出门旅行，走进一家饭馆，要了一杯酒。他先尝尝酒，然后往里面掺了点水。

旁边一张桌子坐着几个贵族大学生，也在那儿喝酒，他们个个兴致勃勃，吵吵嚷嚷，闹得不可开交。当他们看到邻座的歌德喝酒掺水，不禁哄然大笑。其中一个问道："亲爱的先生，请问你为什么把这么好的酒掺水呢？"

歌德回答说："光喝水使人变哑，池塘里的鱼儿就是明证；光喝酒使人变傻，在座的先生们就是明证；我不愿做这二者，所以把酒掺水喝。"

幽默并非一味荒唐，既没有道学气味，也没有小丑气味，而是亦庄亦谐、自自然然、轻轻松松，让人不觉其矫揉造作。

有一天，当拥挤的东京地铁快速前进时，一名男乘客突然发觉，有一只手慢慢地伸入他的裤袋里。这男乘客动作矫捷如兔，一下子就把那只手抓住了！当他转过头来一看，原来是一名年轻美丽的妙龄女郎。

"哈，你竟然这么胆大包天，敢在太岁爷头上动土！"男乘客很得意地说，"你也不打听清楚，我是全东京最机灵、最有名的扒手老大，你真是有眼不识泰山啊！"

"真的吗？对不起！我刚从大阪过来，想来这里多学习学习，真是对不起啊！不过，我在大阪也是最有名、最优秀的扒手大姐！今天我真是走运，可以向您多讨教讨教！"这女郎客气地向男乘客认错、赔罪。

正因这巧合机缘，扒手男女就彼此认识了！从此以后，两人开始"交换心得"、"切磋技艺"，也发生了"亦师亦友"的感情。不久之后，他们就结婚了。

过了一年，爱情结晶——一个白白胖胖、五官端正、十分清秀可爱的儿子出生了。哇！真是个漂亮可人的小婴儿！也真的让扒手爸妈疼爱死了。

可是，这刚出生儿子的右手始终紧紧握着，一直打不开。

为什么呢？这对父母找了许多医生来检查，都说小男婴非常健康，小手的肌肉也十分正常；但是，小男婴的右手就是紧握着，张不开。

后来，扒手父母请来一位心理医生，看看小儿子是不是心理有

153

问题。这位大夫把小男婴全身仔细检查一遍后，还是觉得小男婴很正常。不过，他思考了一下，从左手腕上拿下"满天星"的金表，在小男婴的眼前摇来晃去！

说来真是奇怪，奇迹发生了！当小男婴看见"满天星"金表后，眼睛为之大亮，而他的右手也想伸出来抓住金表。慢慢地，小男婴的右拳头张开了，小小手心里竟然握着一个接生婆的戒指！

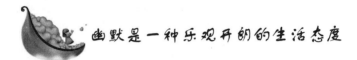

幽默是一种乐观开朗的生活态度

心灵的灿烂才能带来脸上真挚的微笑，真正的笑，是发自内心的。它首先是一种乐观开朗的生活态度，是对人对己的宽容大度，是不计较得失的坦然心胸。

山间清泉之所以汩汩流淌，是因为它的下面有大地永远不竭的水源；幽默者之所以语言风趣幽默，是因为他的内心永远都是一种豁达开朗的境界。

心情沉重的人，是笑不起来的；充满狐疑的人，话里肯定不会荡漾着暖融融的春意；整天牵肠挂肚的人，话里肯定有着化不开的忧郁。只有心胸坦荡、超越了得与失的大度之人，才能笑口常开，妙语常在，话中总是带着对他人意味深长的关爱，带着对自己不失尊严的戏谑。

人们都喜欢听幽默的语言，就像喜欢听动人的音乐、欣赏美妙的诗篇一样；我们和谈吐幽默的人在一起，往往就像置身于蔚蓝的大海边或壮美的大山中一样让自己陶醉。幽默风趣的人，是我们生活中的一道最亮丽的风景线。

我国书画家启功成名之后，经常有人上门求字求画。启功先生为人谦和，心地善良，不愿拂人之意，无奈上门的人太多，严重地影响了老人的工作、创作和身体健康，所以，他常在自己的门上挂着一个牌子，上书："大熊猫病了！"来者通常会心一笑而回。

有一个老将军，有一次与士兵一起开庆功会，在与一个士兵碰杯的时候，那士兵由于紧张，举杯时用力过猛，竟把一杯酒都泼到了将军的头上，士兵当时就吓坏了，可老将军却用手擦了擦头顶的酒笑着说："小伙子，你以为用酒能治好我的秃顶啊，我可没听说过这个药方呀！"说得大家哈哈大笑。

幽默和度量有关，缺乏幽默感的人也往往是比较容易生气的人。幽默与性格的内向外向无关，性格内向的人不能说就是没有幽默感的人；有的人乐于自我幽默，有的人则相反，这也许是癖性不同的缘故吧！

当然，幽默并非某些人的独家专利。幽默是一门任何人都能掌握的语言艺术。林语堂在论及幽默时说道："幽默是由一个人旷达的心性中自然而然地流露出来的，其语言中丝毫没有酸腐偏激的意味。而油腔滑调和矫揉造作，虽能令人一笑，但那只是肤浅的滑稽笑话而已。只有那些巍巍荡荡、朴实自然、合乎人情、合乎人性、机智通达的语言，才会虽无意幽默，但却幽默自现。"

阳光普照大地，无为无欲，但却造就了自然界的勃勃生机；幽默的人，说出话来虽让人感到如憨似傻，却因心境豁达，反而令人感受到幽默者厚实的天性和无穷的智慧。

当我们也拥有一份旷达朗润如万里晴空的心境时，我们说的话，其实也可以达到"无意幽默，但却幽默自现"的境界。

剧作家萧伯纳某日接到一位小姑娘寄来的信，信上说，"您是一位我最敬佩的作家。为了表示敬意，我打算用您的名字来命名人家送给我的一条狮子狗，不知您同意不？"

萧伯纳回信说："亲爱的孩子，读了来信颇觉有趣，我赞成你的打算。但重要的是，你必须同狮子狗谈一谈，看它是否同意？"

作为情感的凝聚物，幽默对幼稚和纯真总是不吝啬自己的爱抚。由此折射出幽默者宏大、宽厚、仁爱的品格。

生活中有幽默，生活会更有味道。王蒙说："幽默是一种酸、甜、苦、咸、辣混合的味道。它的味道似乎没有痛苦和狂欢强烈。但应该比痛苦和狂欢还耐嚼。"幽默这东西往往是极具生活色彩的。生活中无论遇到什么样的问题，在适当时刻巧妙地运用幽默的方法，常常是事半功倍。

第八章 幽默沟通，赢得快乐

155

法国剧作家马尔赛·巴淖尔同法国喜剧艺术家费尔南岱尔在一起进餐。

"噢!"巴淖尔突然说,"多难闻的气味呀……有什么东西烧着了……啊,我的烟斗放在口袋里,烧着了我的裤子……"

"是这样的,"费尔南岱尔说,"我已注意十分钟之久了。"

"那你为什么不早说?"

"我最不喜欢说一些使朋友不愉快的事情……"

喜剧家的幽默诙谐逗人,消除了朋友的焦躁。一笑而愁云尽扫。

在现实生活中,很多人习惯于让一些微不足道的小事造成不愉快的心境,心绪烦躁,往往又不自觉地去反思,去自责,于是心理失去平衡,或闷闷不乐,或郁郁寡欢,或牢骚满腹,或大发雷霆。以这种焦躁情绪待人处世,生活氛围将被弄得更糟,从而产生一种恶性的情绪循环。

其实,只要拥有幽默品质,就不会这样,生活将充满温馨的阳光。面对喝下的半瓶酒,悲观者会说:"半瓶完了。"而乐观者则会说:"还有半瓶。"幽默的人在满足中获得前进的动力,绝不在抱怨中淡化自己的进取心。

乐观与幽默是亲密的朋友,生活中如果多一点趣味和轻松,多一点笑容和游戏,多一份乐观与幽默,那么就没有克服不了的困难,也不会出现整天愁眉苦脸,忧心忡忡的痛苦者。

如下面这则幽默:

一位英国旅游者游览挪威后,发现口袋里的钱只够买一张回家的船票了。乘船从挪威到英国只需两天的时间,因此,他决定乘船的两天里不吃任何东西。

第一天早晨他没去吃饭;午饭时,他仍旧躺在他的房间里。到了晚上开饭时,他饿极了,再也忍不住了,他想:"即使饭后他们把我扔进大海里,我也要吃饭。"

吃饭时,他把侍者摆在面前的所有食物吃得一干二净,并做好了对付一场吵架的准备。

"把账拿来!"他说。

"先生,账单?"侍者问。

学会让别人快乐

"是的。"

"我们没有什么账单，"侍者回答，"在轮船上，一日三餐的费用已经包在船票里了。"

可以想见那位旅游者的懊悔。

记得有一位西方哲人说过：幽默是我们最亲爱的伙伴。的确，生活需要笑，人生需要笑，一个健全的社会不能没有幽默。否则，岁月将会变得怎样枯寂、干涸！生活将会变得怎样单调而缺乏色彩。幽默输给我们以源源不断的"青春宝"，荣养着我们的心灵，滋润着我们的体肤。它能在碰壁的时候转出一条路来，在沉闷空气中开一扇窗，是热极时候的一阵风，窘急时候一个笑容……幽默，多么美妙而神奇！

 ## 幽默是一种逗我们快乐的方法

在生活中，我们经常会笑，幽默就是一种逗我们快乐的方法。笑是人的一种本能，但人却不会时时刻刻都能笑，想笑，要笑，笑是在一定的条件作用下才会发生的。幽默会引人发笑，所以，一些注释家把幽默当成"善意的微笑"，"以笑为审美特征"，还有人把幽默奉为"引发笑声的艺术"，故而特别受到人们的重视。

人们的笑，可按照笑时的表情分为多种多样。幽默可以使人发出轻松的微笑、快乐的大笑，也可以引起人们的冷笑、嘲笑或似发疯的狂笑等等。但笑并不是幽默的目的，而在于人们笑过之后所得到的深刻哲理和启迪，也就是说幽默在于笑的背后。

这样说来，笑的确是调节人们感情和情绪的"润滑油"。在一个公司或一个家庭，当人们工作紧张都有了疲劳感时，同事中或家庭成员中如有人出来讲段幽默故事，室内空气立即就会变得轻松活跃。这里有这样一则幽默故事：

三个人在争论何种职业最先出现在这个世界上。

一位医生说："当然是医生这一行，因为上帝是最伟大的治

病家。"

第二个是工程师，他说："不，是工程师最早，因为《怪经》上说，上帝从混沌之中创造世界。"

第三个是位政治家，他说："不，你们两位都错了，是政治家最早。你们想那混沌的状态是谁造成的？"

在社会生活中，笑还是增进友谊的桥梁和纽带，我们来看下面这个幽默。

马克思与诗人海涅有着十分深厚的友情。有一年，马克思受到法国当局的迫害，便匆匆忙忙离开了巴黎。临行时，他给海涅写了一封信，信中说："亲爱的朋友，离开你使我痛苦，我真想把您打到我的行李中去。"

把人打到行李中去这是不可能的事，马克思与对方开了个玩笑，显示了两人的珍贵情谊。

这样说来，幽默确属引发笑声的艺术，在各式各样幽默作品面前，人们笑得那么开心，笑得前仰后合，笑得泪流不止。人们向往着欢声笑语，所以，我们绝不可以小看了"哈、哈、哈……"大笑几声的作用。

幽默永远属于热心肠，属于生活的强者。

有人曾问萧伯纳，如何区分乐观主义者和悲观主义者。萧伯纳说："看到玫瑰，乐观者说'刺里有花'，悲观者却说'花里有刺'。"

萧伯纳的卓见对我们认识幽默并不是没有启示的，生活中只有乐观主义者才有幽默感。

哲学家乔治·桑塔亚那选定4月的某天结束他在哈佛大学的教学生涯。是日，乔治在礼堂讲最后一课的时候，一只美丽的知更鸟停在窗台上，不停地欢叫着，他出神地打量着小鸟。

许久，他转向听众，轻轻地说："对不起，诸位，失陪了。我与春天有一个约会。"讲完便急步走了。

这句美好的结束语，具有相当的幽默感，充满了诗一样的美。不热爱生活的人，是无论如何也说不出这种富于哲理的幽默语言的。

学会让别人快乐

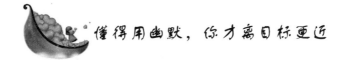

懂得用幽默，你才离目标更近

很多人都在讨论：幽默到底是目的还是手段？无论如何，如果你把幽默当成目的，那么让人开怀一笑，你的目的便达到了。如果把幽默当成手段，那么娴熟的幽默可以让你更好的达到目标，所以说，幽默可以让你离目标更近。

在我们仰望理想，仰望目标的时候，我们总是想到要努力，踏踏实实的朝着目标前进。一旦机会降临，便把握住机会实现自己的目标。但是我们有没有想过用一种更巧的方法。这里的巧不是偷工减料，也不是投机取巧，而是适当的幽默和诙谐，这可以让你更快的达到目标！

我记得曾经在书里看到过这样一个故事：

有位男青年第一次去女朋友家吃饭，女朋友叮嘱了他许多注意事项，希望能给自己父母留下好的印象。这天女青年父母准备了丰盛的饭菜款待贵客，大家边吃边聊，气氛十分融洽，女友的父母对男青年也十分满意。男青年吃完第一碗饭，觉得肚子还没饱，便要起身去添饭，但忽然想到女友的交代，便没有起身，想等主人来添。不巧女友和他母亲正在做家务，而未来的老丈人正喝到兴头，话匣子也打开了，只顾拉着他说话，没有留意他的碗已经空了。男青年一时不知道该怎么办，自己去添，又有些失礼，不去添，肚子又不舒服，男青年一时左右为难，尴尬不已。

这时候年轻人突然灵光一现，想出了个绝妙的方法。他乘着女友父亲说话的空隙插话问道："伯父，我上次听小婷说你们家打算装修是么？"

"是啊"老人家接着说道，"修的确是想修，你看现在这房子也旧了，的确是该大修一下了，只是……。"说道这里，突然顿住了。

"只是什么？"年轻人接着问道。

"现在的装修师傅不好找啊，要是找到做事不认真的师傅，那修

了也是自修。"

男青年一听，心里偷偷开心起来，说到："是啊，装修师傅可一定要请好的，不然做起事来像饭没有吃饱一样可不行啊！"

年轻人故意把"饭"字念得很重。女友父亲听到这里，下意识的看了眼他的饭碗，发现年轻人的饭碗空了，便明白了他的意思，马上叫女儿来帮他把饭添上。

年轻人可谓转危为安，继续和未来的老丈人天南地北的聊了起来。

这里可以把年轻人的目标看作是添饭吃饱，但是种种巧合让他身处困境，如果一味等着，势必饿着不舒服，所以他灵机一动，用这样一个幽默的方式，来解决自己的困境，达到自己的目的。

这里年轻人用的方法便是"巧"。如果中规中矩的朝着自己的目标去努力，效果却不一定好，并且在这种场合是行不通的。

有时候我们也可以这样，在朝着自己目标前进的时候，不妨来一点幽默，就像故事里的年轻人一样，你便会发现自己的目标更容易实现了。

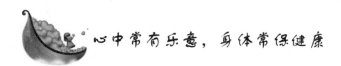

心中常有乐意，身体常保健康

人生路上，总会有些不如意，总会有些无奈。而幽默这种特殊的情绪表现，可以淡化人的消极情绪，消除沮丧和痛苦。让我们寻回幻想和自信，让我们脱离尴尬的窘境，让我们的心态在沉重的压力下得到松弛和休息。

俗话说："笑一笑，十年少；愁一愁，白了头。"可见，心情与身体健康、与精神状态甚至于相貌都有很大关系。幽默是悲哀、沮丧的克星。正如所罗门王那句名言说的："心中常有乐意，身体常保健康。"

幽默的人心智成熟，他们知道人生苦多乐少，一方面懂得用幽默消除工作上带来的紧张和焦急，另一方面还会用达观、积极的态度去克服困境。面对苦难，他们懂得藉幽默感抚慰自己的伤痛，使自己好过些。

有一天，著名诗人海涅正在伏案创作，突然，有人敲门，原来是仆人送来一件邮包。寄件人是海涅的朋友梅厄先生。海涅因紧张地写作而感到有些疲倦，又因被人打断写作思路而显得很不高兴。他不耐烦地打开邮包，撕了一层又一层，终于拿出了一张小小的纸条。只见小纸条上写着短短的几句话："亲爱的海涅，我健康而又快活！衷心地致以问候。你的梅厄。"

虽然海涅感到不耐烦，但是这个玩笑还是逗得他十分快乐，疲倦感也随即消失。他调整情绪后，决定对他的朋友也开一个玩笑。

过了几天，梅厄先生收到了海涅的一个邮包。邮包非常沉重，以至于他无法把它带回家。他只好雇了一名脚夫帮他扛回家去。到家后，梅厄打开了沉重的邮包，惊奇地发现里面居然是一块大石头。石头上有一张便条，上面写着："亲爱的梅厄！看了你的信，知道你又健康又快活，我心上的这块大石落地了。我把它寄送给你，以永远纪念我对你的爱。"

有了幽默，你就可以消除紧张，卸除烦恼。不论是对年龄、对身高体重、甚而对金钱的烦恼。例如，年纪的增长，似乎是多数人感到的最难处理的是烦恼。但是，不论你多么年轻，或者多么年老，幽默都能帮助人们把年岁的增长看得轻松。下面就是一个幽默的例子：

著名的演说家罗伯特，以有一颗年青、趣味的心而闻名。他在70岁生日那天，签了一份5年的演说合同。

不论在私下或在公开的场合，他都把年龄看得轻松——把加变为减。"我要尽可能在最年轻的时候死去。"他说。

在你的个人生活里，你会发现幽默具有一种能使你的心理年龄远远低于生理年龄的作用。充满幽默感的人，不论在什么年纪，都懂得笑。

"我发现了青春永驻的秘诀，"鲍伯罗普的妙语："谎报年龄。"

有一个女人——她叫海伦——却有另一套方法。"我从来不谎报我的年龄，"海伦坚称："我只谎报丈夫的年龄，然后我说实话，我

是比他年轻多了。"

"我不在乎变老,"有一个聪明人说,"也不在乎把我的年龄告诉别人,只要我可以不必去喜欢它在我脸上做的记号。"

你为头发花白或稀疏而烦恼?但是治秃头最好的方法,就是一顶帽子。

或者换个方式说:"头发是唯一能防止秃头的东西。"

记住:"秃头也有好处。你是第一个知道何时开始下雨的人。"

青年问一老者:"您已年近古稀,年轻时候的愿望都实现了吗?"

老者:"年轻的时候,老婆责备我时总揪我的头发,当时我想,要是没有头发就好了。今天,这个愿望算是实现了!"

据说现在每天早上,在印度孟买的大小公园里,可以看见许多男女老少站成一圈,一遍又一遍地哈哈大笑,这是在进行"欢笑晨练"。印度的马丹·卡塔里亚医生在国内外开设了150家"欢笑诊所",人们可以在诊所里学到各种各样的笑:"哈哈"开怀大笑;"吃吃"抿嘴微笑;抱着胳膊会心微笑……来治疗心情压抑等心理疾病。

最新的医学研究发现,笑口常开可以防治传染病、头痛、高血压及过度的压力,因为幽默的笑声,可以增加血中的氧分,并刺激体内的内分泌,对降低病菌的侵袭大有帮助。而不笑的人,患病机率较高,且一旦生病之后,还常是重病。

因此,美国医学界将幽默笑声称为"静态的慢跑",它能使肌肉松弛,对心脏及肝脏都有好处。所以,我们可以每天哈哈大笑十次,因为我们常没时间去慢跑,对不对?

此外,当你生病住院,或遭受意外伤害时,幽默也能帮助你觉得好过一些。纽约有一位老妇就证明了这一点。她在雪地上滑了一跤,跌断了左臂,使她疼痛难当。她却笑着对朋友说:"如果你有选择的机会,千万不要肩膀脱白,宁可跌断手臂!"

加利福尼亚大学的诺曼·卡滋斯教授,40多岁时患上了胶原病,医生说,这种病康复的可能性是五百分之一。他照着医生的话,经常看滑稽有趣的文娱体育节目,有的节目使他捧腹大笑,有的节目使他从心底发出微笑来。他除了看有趣的节目,平时还有意识地和家人开开玩笑。一年后医生对他进行血沉检查,发现血沉降低了5

个点。两年以后，他身上的胶原病自然消失了。为此，他撰写了一本书，书名叫《五百分之一的奇迹》。书中说："……如果消极情绪能引起肉体的消极化学反应的话，那么，积极向上的情绪可以引起积极的化学反应……爱、希望、信仰、笑、信赖、对生的渴望等等，也具有医疗价值。"

据美国芝加哥《医学生活周报》报道，美国一些医院已经开始雇用"幽默护士"，陪同重病患者看幽默漫画及谈笑，作为心理治疗的方法之一，因为幽默与笑声，往往可协助病人解除疼痛。

中国古人说，"笑口常开，百病不来。"外国古人也说，"快乐的微笑是保持生命健康的唯一药方，它的价值是千百万，但却不要一分钱。"

传说我国清朝有位八府巡按，长期患一种精神忧郁症，看了许多医生，都未见效。一天他因公坐船经过山东台儿庄，忽然犯了病，地方官员即推荐一名当地有名的老医生为他治病，医生诊脉后说："你患了月经不调症。"巡按一听，顿时大笑，认为他是老糊涂了。以后他每想起此事，就要大笑一阵，天长日久，他的病竟自己好了。过了几年，巡按又经过台儿庄，想起那次有病之事，特意来找老医生，想取笑一番，老医生说："你患的是精神忧郁症，无什么良药可治，只有心情愉快，才能恢复健康，我是故意说你患了'月经不调症'，让你常发笑。"正如生理学家巴甫洛夫说过："……忧愁悲伤能损坏身体，从而为各种疾病打开方便之门，可是愉快能使你肉体上和精神上的每一现象敏感活跃，能使你的体质增强。"又说，"……药物中最好的就是愉快和欢笑。"

伟大的人大多都是幽默高手

综观历史，人类的许多成就都是由于将好奇、乐观、有趣的精神转变为幽默能力之故。没有幽默，有许多事情便无法顺利解决。此外，它当然还帮助我们把许多不可能的事情变为可能。

163

许多伟大的先驱、领袖、政治家，无不是得幽默之助而达成他们的伟大业绩。在美国，家喻户晓的是富兰克林和林肯总统，他们身为领袖，以幽默来减轻所负的重担，并以幽默来和他人分享愉快。

林肯是美国历届总统中最富有幽默感的人，被人称为一代幽默大师。

有一天，林肯正要上床休息，有人打电话来请示他，"税务主任刚刚去世，能否让我来接替税务主任的职务？"

林肯当即回答说："如果殡仪馆同意的话，我个人不反对。"巧妙地拒绝了对方。

林肯有一次在演讲时，有人递给他一张纸条，上面只写了两个字："笨蛋。"他举着这张纸条镇静地说："本总统收到过许多匿名信，全都是只有正文，不见署名，而刚才那位先生正好相反，他只署上了自己的名字，而忘了写内容。"

关于林肯还有一个故事，当南方一绅士要求和他决斗时，林肯说，如果时间、地点、武器都由他决定的话，他就接受。

南方绅士慨然点头答应。于是，林肯从容不迫地宣布：

"决斗时间：现在。决斗地点：就在这儿，两人相距五英尺。决斗武器：牛粪。"

最后，大家哄然大笑，握手离去。

林肯的妻子玛丽·托德·林肯做了总统夫人之后，脾气越来越暴烈。她不但随意挥霍，还常对人大发淫威，一会儿责骂做衣服的裁缝收费太多，一会儿又痛斥肉铺、杂货店的东西太贵。有位吃够了玛丽苦头的商人找林肯诉苦。林肯双手抱肩，苦笑着认真听完商人的诉说，最后无可奈何地对商人说："先生，我已经被她折磨了15年，你忍耐15分钟不就完了吗？"

我们再来看两则名人幽默的例子：

一位贵族夫人傲慢地对法国作家莫泊桑说："你的小说没什么了不起，不过说真的，你的胡子倒十分好看，你为什么要留这么个大胡子呢？"莫泊桑淡淡地回答："至少能给那些对文学一窍不通的人一个赞美我的东西。"

在英国议会开会时，一位议员在发言时见到坐席上的丘吉尔正摇头表示不同意。这位议员说:"我提醒各位,我只是在发表自己的意见。"这时候丘吉尔站起来说:"我也提醒议员先生注意,我只是在摇我自己的头。"

美国总统艾森豪威尔将军过世后,其夫人在接受《读者文摘》记者访问时,谈到艾森豪威尔的生平,以16个字来形容他——"快乐成性、生趣盎然、谈笑风生、勇敢负责。"

这真是一幅令人羡慕的"幽默高手"画像!

一位勇敢负责、有魄力、谈笑风生的人,是从幽默性格而来——正因他的乐观、风趣、平易近人,而造就了强有力的领导统御能力。

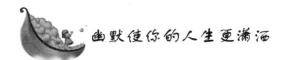

幽默使你的人生更潇洒

幽默不会使你从矮变高,或由胖变瘦;不会帮你付清账单,但幽默能帮助你以新的眼光去看生活。

当我们把幽默变成力量应用在包围着我们生活四周的紧张、困扰和焦虑时,我们能帮助自己,也能帮助别人。当我们在日常生活中与这一切周旋时,不妨让幽默来替我们承担负荷。

著名演说家罗伯特说:"我发现幽默具有一种把年龄变为心理状态的力量,而不是生理状态的。"他说他要尽可能在年轻的时候死去。

他有一句著名的妙语是:"青春永驻的秘诀是谎报年龄"。他70岁生日时,有很多朋友来看望他,其中有人劝他戴上帽子,因为他头顶秃了。罗伯特回答说:"你不知道光着秃头有多好,我是第一个知道下雨的人!"

同样,幽默还能使人在经济拮据、捉襟见肘的时候不感到恐惧。

有一位保险公司职员,他积攒了几年的钱,好不容易买了一辆小汽车。有一次,他教太太开车,车下坡时,煞车突然失灵了。

"我停不下来!"他太太大叫,"我该怎么办?"

第八章 幽默沟通,赢得快乐

"祷告吧！亲爱的。"保险公司职员也大叫，"性命要紧，不过你最好找便宜的东西去撞！"

车撞在路旁的一个铸铁垃圾箱上，车头撞坏了。然而他们爬出车子时，并没有为损失了一大笔财产而沮丧，反而为刚才的一段对话大笑起来。目睹的行人以为他们疯了，或是百万富翁在以离奇的方式寻找刺激？

即使在最简单的情况下，你的幽默也能帮助你改变周围的烦恼气氛。你可以学学妙语大王奥曼的做法。

有一次，奥曼花了很大力气才挤进公共汽车，他对满是怨恨的乘客们说："我总算进来了，杂货、百货、女用内衣。各位吸一口气，把身体拉长，有一点太挤了！"

每当我们因心中喜悦而开怀大笑之后，常常会感到精神振奋，对自己、对周围的一切都充满了信心。

我们随时都可以笑，工作间里、饭桌上、自行车上，甚至浴室里或在床上。如果你有疾病缠身，更要进行这个充满乐观的运动。它能自动地调节你的生理机制，让你的自我感觉变好，并悄悄萌发康复的信心。

有一次，贝特去看望一位病人，这个人几乎在病床上躺了三年。贝特问他每天都吃点什么，他笑着说："在这儿能挨饿吗？我每天都要用叉子来吃药。"他跟贝特讲了一连串发生在病房里的故事和笑话，使贝特也跟着大笑一通。

医生把贝特叫到外面，悄悄对贝特说："你的朋友可以出院了。原先我们还以为他不能活到年底。"

贝特大吃一惊，问："这是为什么？"

医生说："不知道。也许他那些笑话帮了他的忙吧。"

据说，他出院时，同室的病友对他说："你一走，我们就要死了。"

"不会，"他说，"你们死了，医生也活不了，他们上哪儿去收药费？"

女喜剧演员卡洛·柏妮有一次坐在餐厅里用午餐。这时，一位刁钻古怪的老妇人走向她的餐桌，当着许多人的面用手摸卡洛的脸庞。她的手指滑过卡洛的五官，然后带着歉意说："对不起，我摸不出你有多好。"

"省下你的祝福吧！"卡洛说，"我看起来也没有多好看。"

老妇人又仔细看看卡洛的五官，说："不错，是没有多好看。"

这时卡洛笑起来，说："又摸又看的，新的也变旧了。"

在场的人不由得全笑了。

卡洛不愧是喜剧演员，她的神色自若是来自心理上的平衡。

如果我们想在社会生活中给人好印象，就得像卡洛那样，把自己活泼的生命带进这场合中去。一个面带怒容、缺乏幽默或是神情忧郁的人，是不会比一个面露微笑、看起来健康快乐的人更受人欢迎的。

纽约一家著名的时装公司董事长史度兹曾经说过："世界上最美妙的声音就是笑声。它比任何音乐或娓娓情话都美妙。谁能使他的朋友、同事、顾客、亲人们发出笑声，那么他就是在弹奏无与伦比的音乐。"

可以说，一些好的幽默的行为，相当于好的仪态举止，它把我们的内部和外部融合起来。

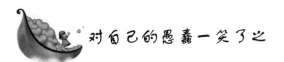

对自己的愚蠢一笑了之

不管天资多么聪颖，我们偶尔也会做些蠢事。一般人出了丑，总是羞赧不堪，总想躲避众人耳目。何必呢？换个角度来看，这些蠢事其实还蛮有趣的，要是能够一笑置之，不是更好吗？

这就是幽默。

生活中最大的乐趣之一，就在于能够偶尔嘲笑一下自己。我们必须能让别人享受我们的滑稽、我们必须时时保持幽默、我们必须时时开怀大笑。

我们都太严肃了。因为社会不断在告诫我们不能出错让别人看笑话、不可以用自娱来娱人。结果，每个人都摆出一副正经八百的

模样。

但是，这世界怎能少得了小丑？于是，在自己不能扮小丑的限制之下，大多数人都在等着别人出丑，逮着了机会，就好好嘲笑一番。相反的，要是自己丑着了，就非得尽量掩饰不可，免得成了别人的笑柄。

有这么严重吗？

来点小乐子吧！要是你跌倒了，何妨笑自己一下；假如你说了些蠢话，也可以自嘲一番。

人的心理是很微妙的，当你出了个小岔子而极力掩饰的同时，必定会因为乱了方寸而手足无措，结果呢？丑态更是会连串爆出。原本是想平息笑声的，到头来反让笑声盈庭，你说是吗？

所以说，出了点小错没关系，笑一笑就认了，当作没发生过一样。要是耿耿于怀，就免不了会想遮掩，后果则是越遮越丑。而你的愧疚也会越深，十足是个恶性循环。

诗人惠勒曾写道："欢乐时，这世界将与你同欢；哭泣时，你就只能独自饮泣。"这句话很传神地将这种心态表露无遗。我不知道你的想法如何，但我宁可这世界与我同在。和世界一起嘲笑自己又何妨？

常常有这种情形：你陷入某种窘境，丢了面子，于是心情烦躁，总想寻找目标发一通火。这时你如果幽默一下，找个台阶就能解脱困境。

有一位工作人员，上班时间伏在桌上睡着了，他的鼾声逗得同事哄堂大笑。他醒来发现同事们都在笑他，有人道："你的'呼噜'打得太有水平了！"他一时颇不好意思，不过他立即接过话茬说："我这可是祖传秘方，高水平还没发挥出来呢。"在大家一片哄笑中，他为自己解了围。

还在担任《正大综艺》节目主持人时，杨澜曾被邀请到广州市天河体育中心担任演出的主持人。演出晚会到中途时，她在下台阶时摔了下来。这种情况的出现，确实令人难堪。但杨澜非常沉着地爬了起来，凭着她主持人特有的口才，对台下的观众说："真是人有失足，马有失蹄呀。我刚才的狮子滚绣球的节目滚得还不熟练吧？

看来这次演出的台阶不是那么好下哩！但台上的节目会很精彩的，不信，你们瞧他们。"

杨澜这段自我解嘲式的即兴演讲非常成功，不但为自己摆脱了难堪，更显示出了她非凡的口才。以致她话音刚落，会场就立刻爆发出热烈的掌声。有的观众还大声说："广州欢迎你！"

古人流传下来了一句话：人生之事，不如意常十之八九。人的一生难免会遇到危难困境，难免会感到孤独寂寞，难免会碰到诸多不顺心之事。不过，人又往往能够通过自我的心理调节，对不幸的事情一笑置之，使自己轻松下来。

能否用正面心态面对困境，可以看出一个人的度量。当拥有这样的度量时，往往就能够成就自己的伟业。希腊大哲人苏格拉底，娶了有名的悍妇姗蒂菠，常作河东狮吼。传说苏格拉底未娶之前，已经闻悍妇之名，然而苏格拉底还是娶了她。幸好他自我解嘲的功夫了得。他说，娶老婆有如驯马，驯马没有什么可学，娶个悍妇，对修身养性的功夫大有裨益。有一天，家里吵闹不休，苏格拉底忍无可忍，只好出门。正到门口，他老婆从屋顶倒了一大盆水下来，恰好淋在他的头上。苏格拉底说："我早就知道，雷霆之后必有甘霖。"这位哲学家雍容自若的态度实在难得呀！

中国有一个成语叫做"塞翁失马，焉知非福"。据林肯的律师同事赫恩顿写的传记说，林肯以后能成为总统，应该归功于他的那位太太。赫恩顿书中说，林肯怪可怜的，每周六到了半夜，大家从酒吧出来要回家时，唯独林肯一个人不太愿意回家。因此，林肯后来那副出人头地、简练机警、应对如流的口才，全是在酒吧里学来的。

苏格拉底也是在家里不能安静地看书，因此才养成了一个习惯，天天到市场去，站在街上谈道说理。并因此开创了"游行派的哲学家"的风气。这一哲学学派的形成，也应归功于苏格拉底的老婆。

这样的事例太多了。这种修炼功夫，常人是学不来的。柏拉图把苏格拉底之死，写成了最动人的故事：市政府说苏格拉底巧辩惑众，贻误青年子弟，赐他服毒自尽。那夜他慷慨服毒，门人忍痛陪着，苏氏却从容阐述真理。最后他的名言是："想起来，我欠某人一只雄鸡未还。"他叫门人送去，不可忘记。这是他断气以前最后的一

句话。

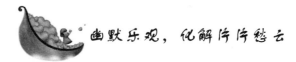 幽默乐观，化解片片愁云

幽默，就是机智巧妙地思考和解决问题。幽默是一种智慧，是一种艺术。

《晏子春秋》记载，晏子出使楚国，因他身材矮小，楚人想奚落他，事先在大门旁边开了个小门，让晏子进去。晏子说："使狗国者从狗门入，今臣使楚，不当从此门入。"楚人只得让晏子从大门进去。

楚王设宴招待晏子。席间，按照楚王与臣属的预谋，两个差役捆绑着一个人走上来，说这人是齐国人，犯了偷盗罪。楚王遂问晏子："齐国人善于偷盗吗？"晏子说："我听说，桔树生长在淮河以南，就是桔树；生长在淮河以北。就成了枳树。桔树和枳树只是叶子相像，果实的味道却不同，这是由于水土差异造成的。今民生长于齐不盗，入楚则盗，得无（莫非）楚之水土使民善盗耶？"楚王无话可答，落了个自讨没趣。

可见正是幽默的智慧和艺术，使晏子从容、有力地回击了挑衅，挫败了对手，维护了齐国的尊严。

有幽默感的人，善于不失时机地抓住事物有趣的一面，分寸得当地以诙谐的语言和动作，表达出自己的思想和意愿。幽默可以使人们的关系变得亲切、自然、和谐，幽默是调节人际关系的润滑剂。

有一个人很有幽默感，一次他错拿了妻子的自行车钥匙，害得妻子上班迟到了半小时。晚上，他回到家见妻子满脸怒气，正待发作，便立刻作出祈求的姿势高声说："暴风雨，请不要降临到我们这个幸福的家庭！"妻子忍不住笑了一下，他又说："啊！阴云中露出一线阳光。"妻子不禁笑出了声，他紧接着说："云开日出，晴空万里。"妻子被他逗得笑个不停，家中又充盈着喜乐的气氛。

有句格言说得好："幽默是生活波涛中的救生圈。"幽默，可令心头的愁云化为乌有，可将胸中的抑郁一扫而光。

幽默者的生活愉快而充实，幽默者受到他人的欢迎和喜爱。同样，乐观的情绪，也是生活中所不可缺少的。

乐观是人们精神愉悦的一种心理状态。乐观的情绪，给人信心与力量，促人成功和幸福。正如达尔文所说："乐观是希望的明灯，它指引着你从危岩峡谷中步向坦途；使你得到新的生命、新的希望，支持你的理想不致泯灭。"

乐观是强者的表现。历史上成才立业之士，在艰难困苦、道路坎坷的境遇中，大都乐观泰然，不舍进取。

唐代文学家柳宗元，曾在朝中任要职，因遭宦官和守旧官僚的打击，被贬为永州（今湖南零陵）司马，10 年后改任柳州（今广西柳州）刺史，政治上十分不得志，但他仍振作自励，尽心政务，勤于著述，成为一代文豪。

清代文学家吴敬梓，居住南京写《儒林外史》一书时，家境贫困。冬天，他没钱生火取暖，夜间写作屋内寒冷难耐，于是便邀一些穷朋友绕城跑步取暖。《文木先生传》记载说：吴敬梓和朋友们"出城南门，绕城堞行数十里，歌吟啸呼，相与应和。"就这样一路唱歌一路吟诗，你唱我和，直到天明才回到城里，"夜夜如是，谓之暖足"。吴敬梓以乐观奋斗的精神战胜了重重困难，历经 10 年，终于完成了《儒林外史》这部文学名著。

近年来，科学家们的研究结果表明，乐观的情绪，对大脑皮层功能的调节，对中枢神经与植物神经系统的活动，均十分有益，从而利于人体部分组织器官的机能。乐观的情绪，对人的生理和心理、精神和行为，都起着良好的作用。可见"笑一笑，十年少；愁一愁，白了头"的民谚是很有道理的。

生活本身充满着欢乐，只要你在学习，每天都会有收获；只要你在工作，每天都会取得进展；只要你努力和追求，每天都会给自己的生命增添新的内容。一个树立了远大理想，并为人类的进步事业而奋斗不息的人，能够不断寻求、捕捉到生活的喜悦，永远保持乐观的情绪。

每年 4 月 1 日是"愚人节"，这一天可以随便开玩笑。有人为了

第八章　幽默沟通，赢得快乐

捉弄马克·吐温，在纽约的一家报纸上报道说他死了。结果，马克·吐温的亲戚朋友从全国各地纷纷赶来吊唁。

当这些人来到马克·吐温家时，只见他安然无恙地坐在桌前写作。亲戚们马上明白这是怎么回事了，纷纷谴责那家造谣的报纸。

马克·吐温却毫无愠色，幽默地说：

"报纸报道我死是千真万确的，不过提前了一些。"

但对于那些恶意中伤他的美国商人，马克·吐温却用另一种幽默的方式给予了坚决的回击。他这样写道：

"一只母蝇生了两个儿子，她把他们视为掌上明珠。一天，母子三人飞到一家糖果店，有一个儿子想尝尝橱窗里包装精美的糖果，不料刚落到糖果上，双翅颤抖，一命呜呼。原来美国糖果公司的产品有毒。母蝇悲痛欲绝，找到一张捕蝇纸上大吃大嚼，意欲自杀。不料，母蝇求死未果。原来捕蝇纸不毒，这是美国捕蝇纸制造厂的产品。"

当然幽默感并不是嘲笑任何事，而是同时能看见一件事情的严肃面和有趣面。不论你是内向型还是外向型的人，对生活都可以采取幽默的态度。我们若不能领略他人的幽默力量对我们有所裨益，也就不太可能以自己的幽默力量来激励别人。

为了表现我们重视他们给我们带来的好处，为了通过自己来激励别人，我们为何不与人同笑，笑尽天下可笑之事？

幽默的人必然乐观，乐观的人往往幽默。幽默乐观的人，能将生活点染得绚丽多彩，并为创建更加美好的生活而不断奉献着自己的光和热。

 与其辩解，不如诙谐的承认错误

小时候，老师总是告诉我们要勇于承认错误，可见承认错误并不是件容易的事。让一个人否定他自己，是很难做到的，更不要说大人们总是会考虑自己的面子、尊严等问题，所以，承认错误成了很多人的心结。人们即使知道自己犯了错误，也会碍于面子羞于承认，最终给人留下不好的印象。

承认错误固然需要勇气，可是如果你是个死要面子活受罪的人，就是拉不下面子来怎么办呢？错误总是要承认的，不然会落下个死不认错的名声。这里有一个更好的办法——幽默的承认错误，把勇于承认改成巧于承认。

在温哥华冬奥会开幕式上，具有浓烈本土气息的表演让全世界人民都认识了当地土族文化。当表演终于到了激动人心的点燃火炬的时刻，按照原先的安排，四名火炬手走近场地边缘向观众致敬，此时，场地中央的五环不断"融化"，激光投影绘成的冰面状场地逐渐开裂，四根巨大的有着土族气息的图腾柱破冰而出。四位火炬手来到中央点燃四根柱子，圣火从底部一直燃烧至顶部，点燃中央的主火炬。

这个美妙的计划本来可以将整个仪式推向高潮，没想到现场操作时出现了故障，有一根图腾柱无法升起，使得其中一位火炬手很尴尬的站在那里。这也让在场的观众心中一惊。好在其他三根柱子正常升起，最终主火炬还是熊熊的燃烧起来。这次不小的失误成为人们讨论的焦点。奥组委在后来的新闻发布会上第一时间承认了点火失误。奥组委官方发言人史密斯一瓦拉德接受采访时说："可能是出现了液压问题，最终火炬的点燃并没有和我们计划中一样进行。"这样坦诚的承认错误赢得了不少观众的谅解。

真正精彩的一幕出现在闭幕式上，闭幕式开始阶段的主角正是开幕式上没能点燃的火炬柱。一位小丑模样打扮的电工，欢快的走到场地中央，来到原先那个没能升起柱子的地方，左敲敲右打打，在一阵慌忙之后，终于露出了笑脸。他把没有接好的电缆线小心地接好。小丑修好了电缆，并将电源线插好。

原本在开幕式上有些尴尬却又表现得十分沉着的火炬手勒梅·多恩出现在了火炬旁边，在小丑的帮忙下，她也终于点燃了这根火炬。当迟到了 16 天的圣火徐徐升起时，在场的几万名观众爆发出热烈的掌声。冬奥会奥组委以这样一种幽默的方式承认并弥补了自己的失误，让人赞赏不已！

173

我们看过那些不肯承认错误而去苦苦辩解的人，这样的人往往会招来旁人的侧目。他们虽然以为自己在为面子而战，却不想已经失去了更多的尊严。如果你没有勇气承认自己的错误，不如就像上面的例子一样，幽默诙谐的去告诉别人自己错了，这样的行为不仅能得到别人的原谅，还能让别人感受到你的真诚和睿智。

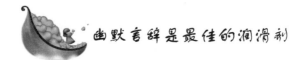

幽默言辞是最佳的润滑剂

幽默的言辞往往是最佳的润滑剂，它能平息对方的怒气，让对方迅速转怒为喜。

英王乔治三世有一次到乡下打猎，中午感觉肚子有些饿，就到附近的一家小饭店点了两个鸡蛋充饥。吃完鸡蛋后，店主拿来账单，乔治三世瞄了一眼仆役接过来的账单，愤怒地说："两个鸡蛋要两英镑！鸡蛋在你们这里一定是非常稀有吧？"

店主毕恭毕敬地回答："不，陛下，鸡蛋在这里并不稀有，国王才稀有。鸡蛋的价格必然要和您的身份相称才行。"乔治三世听了不由得哈哈大笑，爽快地让仆役付账。店主幽默的言辞不仅没有激怒英王，反而获得不小的收入。

一项非正式的调查报告显示，大多数女性在选择伴侣时都会考虑男士的"幽默度"，可见幽默的人广受欢迎！掌握了这个交际的润滑剂还会害怕和人交谈吗？那么，又该怎样训练、培养幽默感呢？

有些人的幽默感是与生俱来的，但大多数人的幽默感却是通过后天的学习培养出来的。下面简单介绍几种培养幽默感的技巧：

学习幽默，首先要积累幽默的素材。如果你没有即兴幽默的能力，不如多看一些漫画和笑话，从中体会幽默的感觉，学习欣赏幽默；久而久之，就可自己制造幽默，至少也可运用看来的笑话。

其次也可体会别人的幽默感，学习听懂笑话，然后模仿一番。

敞开你的心胸，去接受各种不同的人和事物，这些人和事物会在你的心中留下痕迹，成为幽默的酵母。

再次要保持愉快的心情，这是幽默感的"土壤"，如果你心情沉郁，老是想着一些不快乐的事情，怎能制造出属于快乐的幽默感呢？

除了上面几种技巧之外，使用夸张、讽刺、反语、双关等手法，也可以达到一定的幽默效果。现在介绍几种常用的方法：

1. 自我解嘲

幽默的一条重要原则，就是宁可取笑自己，绝不轻易取笑别人。海利·福斯第曾经说过："笑的金科玉律是不论你想笑别人什么，先笑自己。"

自嘲，也是自知、自娱和自信的表现，本身也是一种幽默。

英国作家杰斯塔东是个大胖子，由于体积过大，行动往往不太方便。但他从不以胖为耻。有一次他对朋友说："我是个比别人亲切三倍的男人。每当我在公共汽车上让座时，便足以让三位女士坐下。"这轻松愉快的自嘲，创造了轻松愉快的幽默，同时又表现了杰斯塔东高度的自信。

2. 有意曲解

所谓曲解，就是歪曲、荒诞地进行解释，以一种轻松、调侃的态度，对一个问题进行广泛地解释，将两个表面上毫不沾边的东西联系起来，造成一种不和谐、不合情理、出人意料的效果，从而产生幽默感。

一位妻子抱怨她的丈夫说："你看邻居王先生，每次出门都要吻他的妻子，你就不能做到这一点吗？"她丈夫说："当然可以，不过目前我跟王太太还不太熟。"这位妻子的本意是要她的丈夫在每次出门前吻自己，而丈夫却有意曲解为让他吻王太太，这便产生了幽默。

在沟通遇到障碍时，可故意曲解对方的意思，扰乱对方的思考逻辑，让别人因为这个突兀的表达而糊涂，或产生错误的判断，这样一来自己就可以借机从容脱身，或是转移焦点，化解压力。

3. 正话反说

说出来的话，所表达的意思与字面完全相反，就叫正话反说。如字面上肯定，而意义上否定；或字面上否定，而意义上肯定。这也是产生幽默感的有效方法之一。

有一则宣传戒烟的公益广告，上面完全没提到吸烟的害处，相

175

反的却列举了吸烟的四大好处：一可省布料。因为吸烟易患肺痨，导致驼背，身体萎缩，所以做衣服就不用那么多布料；二可防贼。抽烟的人常患气管炎，通宵咳嗽不止，贼以为主人未睡，便不敢行窃；三可防蚊。浓烈的烟雾熏得蚊子受不了，只得远远地避开；四永葆青春。不等年老便可去世。

这里提到的吸烟的四大好处，让人们从笑声中悟出其真正要说明的道理，即吸烟危害健康。

4. 巧妙解释造成幽默

英国著名女作家阿加莎·克里斯蒂同比她小 13 岁的考古学家马克斯·马温洛结婚后，有人问她为什么要嫁给马克斯·马温洛，她幽默地说："对于任何女人来说，考古学家是最好的丈夫。因为妻子越老他就越爱她。"

这一巧妙的解释，既体现了克里斯蒂的幽默感，又说明了他们夫妻关系的和谐。

5. 使用模仿语言

模仿语言是指模仿现存的词、名、篇、句式及语气而创造新的语言，是幽默方式中很常见的一种，其往往借助于某种违背正常逻辑的想象和联想，把原来的语言要素用于新的语言环境中，造成幽默感。

一位女教师在课堂上提问："'要么给我自由，要么让我去死'这句话是谁说的?"过了一会儿，有人用不熟练的英语答道："1775 年，巴特利克·亨利说的。"

"对，同学们，刚才回答问题的是日本学生，你们生长在美国却回答不出来，多么可怜啊!"

"把日本人干掉!"教室里传来一声怪叫。女教师气得满脸通红，问："谁? 这是谁说的?"沉默了一会儿，有人答道："1945 年，杜鲁门总统说的。"

这位同学模仿老师的提问做了回答，从而产生了幽默效果。

总之，开玩笑时应善意逗乐，促进彼此的感情交流，而不是恶意取笑，占对方便宜。开玩笑必须分清善恶，把握尺度。

幽默的谈吐代表着人们开朗乐观的个性，是一个人聪明才智的标志。当然，仅仅懂得了幽默的方法还不足以表明你已经具有了幽默细胞，就像有了毛笔却不一定能成为书法家一样，还要求有较高的文化素养，关键在于运用。

 笑对人生，超脱尘世的种种烦恼

罗伯特·斯蒂文森曾经说过："一般掌握幽默力量的人，都有一种超群拔众的人格，能自在地感受到自己的力量，独自应付任何困苦的窘境。"

用幽默的力量来释放你自己，使你的精神超脱尘世的种种烦恼。用幽默来增加你的活力，使生活多一点情趣。

一次法国作家大仲马一声不吭地听着朋友们为两个美女哪个更可取争来论去。两个美女一位身段妙不可言，一位面容如花似玉。最后，他们让大仲马定夺。

"你最喜欢哪一位？"他们问。

"我最喜欢带第二位出门，带第一位回家。"

爱默生说过："幽默增强了我们生存的意义，保持了我们清醒的头脑。由于幽默，我们在变幻无常的人生中可以受到较少打击。幽默促进我们调和的意识，同时让我们看到，那些夸大事态严重的话中隐含有荒谬可笑的成分。"

幽默的人，超然世外，以旁观者的身份观察生活。在他面前，活动着的都是一些木偶，他只需看一眼那几根牵动它们的绳线，便可以发现这些木偶的一举一动都是以过分夸张或虚假来感人的。对于懂得以冷漠的态度进行观察的人来说，现实生活换去了它严肃认真的面目，变成了被嘲笑的对象。

马克·吐温在自己的墓碑上就写道：原谅我不起来了。

有了幽默，我们可以学会以笑来代替苦恼。借着幽默的力量，我们能将自己和他人超越于痛苦。真正的幽默力量是从内心涌出，更甚于从头脑涌出。

177

比如有的司机开得太快，结果出了车祸，轻则重伤，重则丧命。为了使人们提高警惕，便可以运用幽默语言来进行劝告，则更有效果。

马来西亚的柔佛市，在交通安全周的活动中就贴出这样一组大横幅的标语：

"阁下驾驶汽车，时速不超过 30 公里时，可以饱览本市美丽景色；超过 60 公里，请到法庭做客；超过 80 公里，欢迎光顾本市设备最新的急救医院；时速 100 公里，祝君安息吧！"

可以想象，读到这一组标语的每一位驾驶员，在发出会心的笑声之余，一定会对交通安全问题大为警惕，这时幽默效果也就油然而生了。

在我们日常的社交生活中，这种放下烦恼的幽默更是处处可见，时时运用。

有一位年近古稀的老人过生日时，一家子为老人家设家宴祝寿。正当全家人众星捧月似地围坐在老人身旁，一边喜气洋洋地谈笑风生，一边敬酒吃菜。突然听到"叭"的一声巨响，原来是今年准备考大学的孙子碰倒热水瓶炸了。

孩子顿感手足无措，大家也大有喜庆日子煞风景的感觉。爷爷一惊之后，哈哈一笑说：

"这热水瓶早该碎了，孩子今年考大学，不能停在原来的'水平'上。今天他在这喜庆日子里，打破了旧水瓶，这不仅像为我的生日放了鞭炮一样，而且也是他考上大学的好兆头，你们说是不是这样啊？"

一席话说得一家大小哈哈大笑，生日喜庆的气氛更加热烈了，摆脱了窘境的孙子也不好意思地跟着大家笑了。

学会幽默不仅能在人们受到伤害时，淡化自身的痛苦，还能以轻松、诙谐的方式攻击对方。50 年代有一个相声，说的是有一个人患了盲肠炎，医生为他开刀，割去了盲肠，患者痊愈后，小腹仍时时作痛，经检查，原来是将纱布遗忘在腹中了。又开刀，仍不适，原来是棉花又被遗忘在腹中了，于是，病人对医生说：

"你还不如在我的肚子上装个拉链更方便呢！"

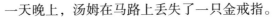

一天晚上，汤姆在马路上丢失了一只金戒指。

当时路灯很暗，他无法寻找。

汤姆急匆匆地赶回家，就在房间里到处找起来。他妻子问：

"你找什么东西？"

"我找戒指。"

"你是在家里丢掉的吗？"

"不，在马路上。"

"那你为什么要在这里找？"

"因为马路上黑，家里亮。"

丢掉了戒指，当然烦恼，可汤姆偏偏在不是地方的地方寻找，实在荒唐，但谁能说他不是在寻找欢乐呢？

放下烦恼，学会幽默，不仅有助于你摆脱交际生活中的困窘，而且具有融洽人际关系之润滑作用。使人们在幽默的语言中，感到温馨快乐。

第八章　幽默沟通，赢得快乐

第九章　由衷赞美，快乐荣耀

　　一句赞美能给人带来自信和希望，就像一根小小的火柴可以照亮一片星空，一片小小的绿叶可以倾倒一个季节，一句小小的赞美同样可以改变一个人的心情，甚至命运。

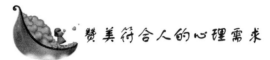

赞美符合人的心理需求

生活中，我们常常会忽视赞美别人。也许有人会问，一句赞美的话真的很重要吗？真的有那么大的作用吗？是的，一句赞美能给人带来自信和希望，就像一根小小的火柴可以照亮一片星空，一片小小的绿叶可以倾倒一个季节，一句小小的赞美同样可以改变一个人的心情，甚至命运。

有一次，欧阳修和朋友外出游玩，听到一位青年公子在作诗："远看一枯树，两个干枝丫"。他的朋友听到后禁不住笑起来，这哪里称得上诗啊，简直不可救药，既无文采又无内涵。欧阳修不仅没有嘲笑，反而微笑着说："好诗，好诗！如能加上两句，也许会更好。"青年问："加哪两句？"欧阳修说："春来苔是叶。冬至雪作花。"青年听罢连连叫好。受到欧阳修的赞美后，这位青年发愤读书，研习诗作，终有所成。欧阳修的赞美与续诗不仅让诗境枯木逢春，还激励了青年，影响其一生。

赞美让失败者重新燃起希望的火把，让犹豫者更加坚定自己前进的步伐，让自卑者忘却失意，重拾自信。可见赞美的力量之大！成功学大师拿破仑·希尔曾说："人类最深的需要是渴望他人的赞美。"根据马斯洛的需求金字塔，人除了基本的生存需求外，还需要更高层次的需求——精神食粮带来的身心愉悦，而精神食粮之一便是赞美。

所谓"春风化雨""良言一句三冬暖"，一句赞美的话能瞬间改变人的心境，让人的态度从消极冷淡变得愉悦热情。人人都需要赞美，渴望被赞美是人类普遍的心理需求，是人性中最根深蒂固的本性。

一位老人衣衫褴褛，每天都会出现在街头固定的地方，卖艺求生。他的弹奏很精彩，有很多人施舍给他钱财，不一会儿，他面前的钱就堆积的很可观了。可是老人一直都不去看满满的钱罐，只是静静地闭目坐着，继续自己的弹奏。忽然，一阵热烈的掌声唤起了老人的注意，"你的弹奏真是美妙极了！"一位游人边鼓掌边真诚地发出赞叹。老人的脸上露出了欣慰的笑容，原来老人一直期待的就是一位赞美者。

林肯曾说："每个人都希望受到赞美。"赞美是一种精神的褒奖，它不同于物质上的满足，能让人产生更长久的幸福感。故事中的老人虽然是一个靠卖艺为生的乞讨者，但是追求赞美也是他最大的内心需求。满罐的钱都没有让老人抬眼，只一阵热烈的掌声就让老人露出了欣慰的笑容，由此可见，人人都渴求得到赞美，赞美是人类灵魂需求的一部分。

人际关系专家卡耐基曾说："喜欢被人认可，感觉自己很重要，是人不同于其他低级动物的主要特性。"正是因为有这种需求，人们才会不断表现自我，超越别人，追求完美，以期得到更多的赞美。莎士比亚说："赞美是照在人心灵上的阳光。没有阳光，我们就不能生长。"可见，赞美就像阳光一样温暖着我们的灵魂，如果生活中没有了赞美，我们的生活就没有了养料，就无法正常生长。

马克·吐温说过"听到一句得体的称赞，能使他陶醉两个月。"在生活中，我们每个人都期待他人的赞美，因为每个人内心都希望自己所付出的努力被别人看到，自己所取得的成绩被别人称赞。赞美是对自我价值的肯定，是精神的奖杯。赞美的话能给人自信，让人精力充沛，让人获得内心的满足。

幼儿园里，一位语文教师提了一个问题："如果我们遇到一个非常可爱的小朋友，那么，我们该用什么样的话语表达对他的喜爱呢？"有很多学生都高高地举起手，迫不及待地想回答问题。教师环顾教室看到一个小女孩举了举手又放了下去，教师就走到小女孩的座位旁，叫她来回答这个问题，小女孩慌张地站起来，"哐当"一声凳子摔倒了，小女孩紧张地握着小手，身体僵硬地站着，一时说不出话来，只好低着头。老师微笑了一下，把小女孩的凳子扶起来，温柔地说："我从你的动作和神态中明白了，见到可爱的小朋友你会很紧张、很害羞，是不是？回答得很形象，老师很喜欢你的答案。"小女孩抬起头看着老师温柔的笑容，心里甜丝丝的，刚才的紧张一

183

扫而光。此后，在语文课堂上，小女孩总是积极地回答问题，再也没有了之前的紧张感。

再后来，小女孩喜欢上了语文课，而且成绩优异，考上了知名院校的中文系。毕业后，小女孩毫不犹豫地选择了做一名语文教师。她说："我做出这样的选择都是缘于小时候语文老师的一次赞美。"

小女孩一开始的举手是表示她想积极地站起来回答问题，希望得到老师的表扬，但是她又怕回答错误，于是在紧张之中，一时无法表达出自己的想法，还把凳子碰倒了。此时在她的内心已经升起一种恐惧，她觉得自己出了很大的丑，害怕受到同学的嘲笑和老师的批评。如果此时老师批评了她，那么这个小女孩的内心就会受到打击，也许此后再也不会站起来回答问题，而自卑的阴影也会在很长时间内笼罩着她。而老师巧妙地赞美给小女孩注入了新的能量，让她重新焕发自信，才会有之后更出色的表现。

赞美是一种美好的情感体验，它让人快乐，给人自信。它带给我们的不仅仅是一时的愉悦，而是长久的快乐。

美国"钢铁大王"卡内基，曾经开出 100 万美元的超高年薪聘请一位执行长夏布。当时，许多记者问卡内基原因，卡内基说："他那一张会赞美别人的嘴值得我为之付出这样的薪水。"

无论是懵懵懂懂的孩子，还是白发苍苍的老翁，都有一种想被人肯定，想被人赞美的强烈欲望。赞美的力量是巨大的，父母得到儿女的赞美，就会更加慈爱有加；儿女得到父母的赞美，就会更听话孝顺；上级得到下级的赞美，就会更亲切和蔼；下级得到上级的赞美，就会更加努力工作。

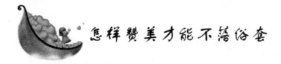

怎样赞美才能不落俗套

长期以来，我们有一种偏见，认为只要说出赞美的话就行了，或者只要真诚就行。然而不是所有的赞美都能产生它应有的作用。有的赞美无法引起被赞美者的注意，甚至会令他们厌恶。所以，赞美也要讲究技巧，因为千人千面，没有谁会喜欢千篇一律的赞扬话。既然要赞美，就要达到赞美的目的，使对方从你的赞美中感受到快乐、满足，要不落俗套，从而让对方感受到你真诚的心。举例来说，赞美女性，她们最喜欢的话语往往是：长得漂亮，性格温柔，身材苗条，服饰漂亮，等等。但是，每一个见到她们的人都这样说，自然会令她感到听觉疲劳，无法引起她们的好感。这样的赞美就只是在浪费自己的唇舌。所以赞美别人也要讲究不落俗套，才能引起被赞美者的共鸣。

有一次，影星朱莉·安德鲁斯和一些政要名流去欣赏一位享有盛名的指挥家的音乐会，指挥家出色的表演赢得了阵阵掌声。在音乐会结束之后，大家来到后台，向指挥家祝贺演出成功。

大家见到指挥家时，赞美声不绝，"您的指挥真是太棒了！""这是我听到的最棒的曲子！""抓住了名曲的神韵！""超水平的演出！"……大指挥家面对大家的赞美一一答谢。但是这种话他听得太多了，脸上不由得显现出敷衍的表情。由于疲惫，他正盘算着找一个借口离开，忽然，他听到一个高雅温柔的声音对他说："你很帅！"

大指挥家以为听错了，他抬头一看，是朱莉·安德鲁斯，指挥家说："您是在和我说话吗？"朱莉·安德鲁斯点点头说道："您是我见到的最帅的指挥家！"大指挥家的眼睛顿时亮了起来，精神抖擞地向朱莉道谢。

之后，指挥家总是自豪地到处对人说："影星朱莉·安德鲁斯夸奖我很帅呀！"

自从那一次见面之后，指挥家就把朱莉当成自己的挚友，常常邀请她观看自己的演出。

对于著名指挥家的演出，每个人都给予了很高的评价。对于指挥家来说，每次演出结束，他都能听上百句赞美的话，所表达的意思也是大同小异，因此他对这样的赞美已经麻木。语言没有什么特殊之处也就意味着在指挥家的眼里这个人没有特别之处，一切交往也就流于表面的客套，就像指挥家对大家彬彬有礼的答谢。然而，朱莉的一句"你很帅"却让指挥家眼前一亮，别有新意的一句话一下子让朱莉的形象印在指挥家的心中，并在之后的交往中把她当成

185

挚友。可见，不落俗套的赞美能一下子说到别人的心坎里，就像一张通行证能迅速打开沟通之门。

赞美就像是一件珍贵的宝物，如果我们常常见到它，把玩它，久而久之就会失去宝物原有的魅力，所以运用赞美的语言要学会掌握一定的技巧，不落俗套才能算得上是一件宝物。这里说的不落俗套即夸赞别人要适度、得体，起到恰到好处的功效，让别人感觉与众不同、别出心裁。当然赞美不落俗套也是基于实事求是、发自内心的真诚，而不是胡编乱造的虚夸。比如赞美一个老夫人，就不能说她"年轻、肤如凝脂"，这样就不是在赞美，而是在讽刺，不仅不会敲开对方的心扉，反而会让对方觉得你油嘴滑舌、不可深交。所以，只有基于事实的赞美才会使对方愉快地接纳你。

说一句赞美的话不是什么难事，但是通过一句赞美的话就让别人记住你却并不容易，是要下一番工夫才行的。下面简单介绍赞美的几种技巧：

1. 幽默式

英国著名女作家阿加莎·克里斯蒂嫁给了一个小她 13 岁的考古学家马克斯·马温洛，当有人质疑她为什么要嫁一个比自己小的丈夫，而且还是考古学家，她幽默地说："对于任何女人来说，考古学家是最好的丈夫，因为妻子越老他就越爱她"。

这一解释中既有克里斯蒂对丈夫的赞美，又包含了她的幽默感。实在不能不说是一个绝妙的赞美方式。

幽默在赞美的话语中犹如黑夜的星光，能顿时照亮整个星空。它妙趣横生，在宽松、自然的气氛中获得对方的认可和支持，使他人与自己心照不宣，拉近彼此心灵之间的距离。现代的快节奏生活方式更需要这种幽默式的赞美来缓减大脑的疲劳和巨大的压力。如果我们多一点幽默，就可以消除烦躁，保持情绪的稳定。

2. 同中求异式

不同的人都有其明显的外在特点，这都可以被人作为赞美的对象。正因为如此，这个特点一定被别人称赞过很多次，所以你再用类似的语言去赞美也许得不到听者的热烈回应。比如一位漂亮的小姐，你见她第一眼的感觉就是漂亮，那么漂亮就是她接受过的最多的赞美。要想不落俗套，就要善于观察，重新找出她的发光点，这样自己的赞美才会走进她的心里，为自己以后与她的沟通铺设一条康庄大道。

有时我们不妨先看看别人是怎么赞美对方的，再观察其特殊之处，从另一个角度大加赞扬，或许会让对方耳目一新，觉得你是真心想要赞美他，而不是用一些索然无味的语言敷衍他。

3. 因人而异式

"龙生九子，各有不同"，每个人在性格、知识水平、兴趣爱好等方面都存在或多或少的差异。因此，在赞美别人时要因人而异，进行有针对性的赞美，而不是一刀切，不然，赞美就只能起到相反的作用了。因此，突出个性，有特点的赞美比一般的赞美能收到更好的效果。而如果赞美的方面正好是他引以为傲的地方，那么这样的赞美一定会收到意想不到的好效果。

比如赞美一位将军，就要从他所取得的赫赫战功说起，因为这是他引以为傲的事情。要赞美一位农民，不妨夸他："都说行行出状元，我看你就是庄稼地里的状元啊！"农民最自豪的事情莫过于庄稼的收成好，因此，这样的夸赞一定是错不了。如果赞美一位老年人，就要多称赞他一生所取得的成就，因为老年人总希望别人记得他"想当年"的雄风。赞美一个年轻人，则不妨语气稍为夸张地赞扬他的创造才能和开拓精神，并举出几个例子证明他的确前途无量。对于经商的人，可以称赞他头脑灵活，生财有道。对于有地位的干部，可称赞他为国为民，廉洁清正。对于知识分子，可称赞他知识渊博、宁静淡泊……当然这一切要从事实出发，切不可虚夸。

4. 意外式

出乎意料的赞美会令人惊喜，很多时候人会因为习惯了而看不到家人、朋友的付出，能够捕捉生活中的细节并表现自己的感恩，会使疏远的距离拉近，失衡的关系和谐。丈夫工作一天后回家，见妻子摆好了饭菜，称赞妻子几句；老师见学生把教室打扫得干干净净，夸奖一番；母亲看到孩子趴在桌子上写作业，就称赞他真乖。有时，赞美的内容出乎对方意料，也会引起对方的好感。

5. 含蓄式

这种赞美不是直截了当的夸奖，而往往是通过表情和动作表示出自己的赞美之意。例如老师摸摸学生的头，对别人的微微一笑，谈话时赞同地一点头，满面笑容地欣赏一件物品，等等。

6. 锦上添花式

有时我们和对方初次见面，没有时间去了解对方的独特之处，但可以在别人赞美的基础之上加一些修饰的语言，或用其他同义的词语表达，或把对方和历史名人作对比，同样可以产生不落俗套的效果。

有一个人喜欢周游世界，他的足迹遍布几十个国家，无论他走到哪个国家他都会结识一些朋友。一个青年问他其中的原因，他说："我每到一个国家，都会立刻学习一句当地的语言，并且经常拿来对周围的人讲，而且还用好几国的语言对他们讲，久而久之，他们就都喜欢我了。这句话就是'棒极了'！"

虽然只是一句简单的话，但是如果用不同国家的语言说出来，就会给人一种有诚意而又耳目一新之感。物以稀为贵，这种巧妙地锦上添花就是语言的独特之处，自然会引起别人的注意，获得别人的好感。

只要用心观察，你就会发现别人与众不同的细微之处，巧妙独特的赞美之声，就会像甘甜的蜜水流进对方的心里，为沟通打开一扇窗，让沟通的气氛更加和谐。

7. 具体式

有时我们会发出这样的赞美："你是个了不起的人"。"你很勤劳""你是个好人"，这样也是在赞美，但是内容有些空洞，听起来就像是在敷衍了事。如果我们夸赞一个人勤劳，我们可以说"你的家收拾得一尘不染"，"东西摆放的真是井井有条"。这样的赞美既不会落了俗套，又能让别人体会到你赞美时的用心。

学会让别人快乐

得体的赞美能达到更好效果

尼采一度称自己为太阳，过度地迷恋自我，赞美自我，最终导致了他的疯狂。不适度的赞美就如毒药，有时伤害自己，有时伤害他人。只有适度的赞美才能起到灵丹妙药的奇效，不仅令他人心情愉悦，也让自己倍感快乐。

原一平刚做推销员的时候，虽然懂得赞美在人际关系中的重要性，但不太讲究应用中的艺术，所以沟通的效果并不太好。一次，他到一家公司推销产品，走进办公室后，他看到老板很年轻，就不由赞美老板："您如此年轻就当上了老板，真是了不起！"老板听完他的赞美，嘴角露出了一丝微笑，请他坐下，还为他倒了一杯茶。"谢谢！谢谢！"原一平看到赞美的话让老板很高兴，就想找话再赞美一下。"能请教一下，你是多少岁开始创业的呢？"原一平好奇地问道。"16岁。""16岁！天哪，要知道很多孩子在这个年纪还只想着怎样逃课出去玩耍呢？而您已经开始闯荡自己的事业了。那您又是在什么时候开始当老板的呢？""两年前。""哇，真是太不可思议了，没想到您这么有才华，才两年就功成名就了，那你怎么这么早就出来工作呢？""因为父母早逝，家里就只有我和妹妹，为了能让妹妹上大学，我就出来干活了。""你真了不起呀！你妹妹能上大学也很了不起呀！"

就这样一问一赞，那位老板显得很不耐烦，最后，老板借口要开会，就让原一平离开了，并说产品的事以后再谈。本来老板的心情很好，也愿意买进一些原一平的产品，但是原一平没完没了的赞美让老板变得不厌其烦，最终使他失去了这个机会。

赞美犹如煲汤，掌握好火候是关键要素。恰到好处的赞美可以让对方感到舒服，也会为自己树立一个良好的形象，感到自己赞美的诚意。相反，过度的、没完没了的赞美除了让对方感到你的虚情假意之外，还会有拍马屁之嫌，结果只能令人厌烦。原一平刚进入

189

办公室时夸赞老板的话就起到了很好的作用，老板热情亲切地招待了他，请他坐下，愿意花时间耐心地听他说话，但是随后他不断地找话头来赞美，这种夸张的感情流露让那位老板厌烦，感觉他的赞美很轻浮，缺乏真情实意，从而对他这个人也轻视起来。

过度赞美会让对方一直感觉有自豪感吗？不然。这样反而会让被赞美者感觉到此人是虚情假意，觉得自己稍不留神就会等来"蜜糖加棒子"。认为他先是把自己夸奖得轻飘飘，然后再将真实目的暴露出来，这样做会让被赞美者有一种"掉进别人预先挖好的陷阱"的错觉，而丝毫没有被赞美的快意。所以掌握好赞美的尺度非常重要。

有一位女化学家为了自己的研究付出了毕生的精力，年过六旬时终于获得了诺贝尔奖，而在个人感情方面，由于受过伤害，一直没有结婚，一直孤身一人。这次得奖让她成了名人，有很多杂志都对她的贡献叫好。一家电视台要派一位女记者采访她，为了出镜时有一个良好的形象，在亲友再三劝说下女化学家终于脱去了终日穿着的白大褂，换上了裙子。

一见面，女记者就感觉到女化学家有一些拘谨，她想用赞美来拉近彼此之间的陌生感，她夸奖道："您的裙子很有复古的味道，一看您就是一个有品位的人。"女化学家的嘴角微微地动了动，露出了一丝微笑。女记者为了能让化学家开口谈话就又说道："嗯，您放弃了爱情成就了自己的事业，您真有奉献精神！"女化学家听到此话转身离开了。

女化学家的离开让这位女记者很错愕，她的赞美之词不但没有激发对方谈话的兴趣，反而惹恼了对方，导致采访的失败。

赞美时要得体，符合听者的心意，才能继续深度的谈话。女记者在夸奖化学家的时候，本意是要夸奖化学家的成绩，但却由于一句不合时宜的话触及了化学家的伤心事。可见赞美不是一件简单的事情，自以为是的赞美之词不会引起别人的好感。

恰如其分的赞美才是真正的赞美。赞美时使用过多的华丽辞藻，对别人进行空洞的吹捧和过度的恭维只会使对方感到不舒服，甚至厌恶、反感。其结果适得其反。

那么，如何才能做到适度而得体的赞美呢？在使用赞美之词时应注意以下几点：

1. 换个角度说赞美

赞美用得巧妙可以起到意想不到的效果。

有个笑话说，两个书生刚被任命去做县官，赴任之前，去拜访主考老师。老师对学生说："如今世上的人都不走正道，逢人便给戴高帽子，这种风气不好！"一个书生说："老师的话真是金玉良言。不过，现在像老师您这样不喜欢戴高帽子的能有几个呢？"老师听了非常高兴。这个书生出来以后，对另一个书生说："高帽子已经送出一顶了。"

可见，一个人不喜欢别人乱戴高帽子，但换一个角度给他戴个高帽子，他还是会笑纳的。

2. 赞美的话无须多

赞美虽好，但用得过多也会如吃多了肥肉一样让人腻烦。有些人时刻将赞美之词挂在嘴边，看到谁都要赞美一番，赞美时都要说上一大堆。殊不知，时间长了，别人就会觉得你的赞美像鸡肋，食之无味，甚至如同嚼蜡，你再赞美别人也就不起作用了。

所以赞美的话无须多，精妙的赞美只一句就够了。

当然，赞美要适宜，并不是不鼓励赞美，而是该赞美时，要毫不吝啬地赞美；不该赞美时，要适可而止。

3. 赞美要恰到好处

要想使赞美真正起到作用，还得在赞美时注意做到恰到好处、大方得体。人都爱听好话，但是每个人愿意接受的赞美语言是不同的，如果不能恰到好处，是难以起到改善关系，促进沟通的作用的。

在赞美时，不要盲目地使用一些自认为是赞美的词语，应了解听者的背景、脾性、爱好等，从听者可以认同的角度给予赞美。这样才会让赞美的声音走进听者的内心。

4. 赞美要合乎时宜

合乎时宜的赞美就是指赞美的时候要相机行事，真正做到"美酒饮到微醉后，好花看到半开时"。当一个人身处逆境的时候。是最需要赞美的时候，这个时候的赞美能起到的是雪中送炭的效果，能给他人以自信。

5. 赞美要从实际出发

每个人的境况各不相同，赞美时要因人而异。要根据不同人的特点使用不同的赞扬语言，适当的赞美比浮夸的赞美更让人欢欣。如果我们见到一位长相一般的女士，说"你很美"，对方会觉得你是在讥讽她的长相，刺激她的自尊心，沟通就无法进行。你应该从她的内在修养出发，关注她的品位、女人味、素质、举止等，这些话她肯定会欣然接受，并对你产生很好的印象。在称赞男士的时候应集中在他的工作能力和成就上，不要总是说一些"你很帅!"、"你很有才!"之类的话，这样会让对方觉得赞美的话没有分量。你可以侧重于事业方面。比如："你将来一定前途无量"、"你的能力太强了"，等等。如果是稍上年纪的男士，他们一般喜欢别人称赞他的努力过程、社会地位以及个人成就等。可以说："不知道哪天我可以像您一样这么有成就""能不能向你请教一下，您是怎样才有今天的成就的"，等等。从实际情况出发，说出得体的赞美，满足他的期望，是不错的赞美方式。

6. 赞美要扬长避短

赞美要关注别人的长处，不要提及别人的短处，不要哪壶不开提哪壶。比如，当看见一个丑陋的人穿着漂亮的衣裳，我们可以赞美衣裳如何华丽，却没有必要说"穿着龙袍也不像太子"的话；当看到一个美女和一个糟老头在一起，我们可以赞美美女，就没有必要说"鲜花插在牛粪上"的话；遇到那些孤芳自赏、自恋成狂的人我们可以赞美他们的自信，却没有必要说"夜郎自大"之类的话。

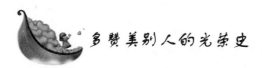

多赞美别人的光荣史

培特兰是美国出版界的名人，受到很多人的敬重。然而他刚出道时，也是从一个无名小卒做起的。

培特兰志向高远，一心要为出版界作出一些贡献。一次，他得知有一条对出版界很有影响力的议案将在华盛顿的一次会议上进行商议，他自信满满地参加议会积极拥护。同行的法律顾问在与同僚们闲谈的过程中得知，许多掌权人士企图阻止这项草案的通过，就连国会领袖对这项草案也表示反对。因此法律顾问劝他放弃这次议案，因为他处在一个极其不利的地位，可结果培特兰借着国会议长柯培的力量大获全胜。

他是怎么做到的呢？原来会议一开始，培特兰便对柯培以前一次做事公正的案例大加赞扬。柯培那次公正的决定让他赚足了人气，一时间报纸、电视都在对柯培的事例作报道，柯培一下子成了名人。但随着时间的流逝，那件过去的事情就渐渐被人们遗忘。在会议上，培特兰又重新提起这件事情，对柯培曾经的决断倍加赞许，又引起了柯培的自豪感，使得柯培心里很受用，顿时升起了对培特兰的好感，因而很轻松地认同了他的想法。

柯培曾经的辉煌虽然渐渐被人们忘却，但是对于他来说却是铭记一生的骄傲。培特兰聪明地赞扬了柯培的光荣史，让柯培觉得培特兰是自己的知己，作为回报，柯培也会重视培特兰的感受。于是，培特兰支持的议案最后很轻松地获得了通过。

可见，赞美别人的光荣史能在瞬间拉近彼此的距离，让对方对自己产生好感。这是与人沟通的一个绝好的方式。

赞美别人的语言有很多种，我们常常从对方的外形、内涵、能力入手，但从别人的光荣史入手更能引起对方的共鸣。对于他以前的事情，你若能如数家珍，他就会视你为知己。你的赞美让他觉得你是他的崇拜者，让他重新体验到了当初的辉煌，他的虚荣心得到了极大的满足。那种美妙的感觉会刺激他敞开胸怀，让他觉得答应你的要求是一种表达他愉快心情的方式。这样就能促进沟通，产生好的效果。

当然，生活中有些人并不像一些成功人士一样有那些功绩显赫的光荣史，但我们可以从细微的方面入手，赞美对方引以为傲的成就或辉煌的过去。

唐薇是一名小学老师，工作做得很出色，很得领导的器重。但是由于丈夫在外地工作，夫妻长期分离，她就想调到丈夫的城市工作。但是没有学校的调函，新单位是不会接受她的。她好几次找校长谈论此事，但校长都不肯点头。唐薇为了这件事一直很苦恼，她觉得无论如何也要再试试。她又一次来找校长，希望事情可以有些转机。

唐薇来到校长的办公室时，校长正在练毛笔字，这是他的一大爱好。唐薇虽然不擅长写毛笔字，但可以看得出校长的字写得很漂亮。唐薇进门后没有说话，静静地站在一旁看校长专心练字。这一幕让她想起几年前，经过校长的努力，市里终于成立一个儿童基金会，那天校长现场亲自执笔写下"一切为了孩子"这几个感人的大字，其中包含了千千万万个捐献者爱子之声的表达……

一会儿，校长收笔起身，看到在一旁发呆的唐薇，校长明白唐薇的心意，只是他实在不愿失去这样一名优秀的教师。"坐下谈吧。"校长的话拉回了唐薇的回忆，唐薇歉意地笑笑："校长，您还记得那次儿童基金会吗？我还清楚地记得当时您挥笔题字的潇洒，当横匾挂起的一瞬间，在场的人士无不为你的那句'一切为了孩子'而感动，掌声持续了一分多钟。您为孩子所做的一切都融入了那几个字当中。"校长听着唐薇的话，嘴角露出了舒心的笑容："为了孩子是我一生的愿望！"

之后，他们又聊了一些教育孩子的问题，唐薇真诚赞美了校长那次为孩子所做的努力。话题始终没有提到调离，她觉得这次又要失败了。在她起身要离开时，校长却主动提了出来，说学期结束时就给她办调离手续。

无心插柳柳成荫，唐薇终于如愿以偿。

唐薇的赞美不多，但句句都打动了校长，使得久久悬而未决的问题得以解决。事情之所以可以顺利地得到校长的同意，原因就在她不经意间提到了校长的义举，他为孩子们所做的一切正是他自豪的敏感点，是他的光荣史。唐薇的赞扬虽然轻描淡写，却极大地激起了校长追忆往昔辉煌的热情，他的心情一下开朗起来。当一个人得到别人赞赏时，对别人的心理抵御就会降到最低，就想满足别人的期望，以得到更多的赞赏。所以，最后校长很轻易地就答应了唐薇的请求。

光荣史对于每个人来说都如珍贵的宝物，但是随着时间的流逝就会落满灰尘，适时的赞美就如给宝物进行了一次清洁，让珍贵的宝物重新焕发出光彩。对于听的人来说这种光芒就像是赞美者赋予的，他会抱着一种类似感恩的心态来对待你，如果此时拒绝你的请求，他会觉得你的不悦会立刻带走那种光芒。毕竟，不少人都会认为没有人欣赏的荣耀算不得真正的荣耀。所以赞美别人的光荣史也是一张沟通的通行证，可以使我们的沟通更加顺畅。

当然，对于别人的光荣史要提前有所了解，不要盲目地瞎猜、瞎说。了解别人的光荣史可以从他的言谈中去会意，也可以从其职业、受教育程度、成长经历以及所处年代去了解。

从细节入手去赞美别人

很多人在赞美人的时候绞尽脑汁去寻找赞美的话，不知道怎样赞美才能博得别人的欢心。其实很简单，答案就在于"细节"二字。细节往往是最易打动人心，而且细节信手拈来，是最富创意又取之不尽的话题。选择从细节上去赞美别人往往会出其不意，能够获得意想不到的效果。

某大型公司有一个小职员，由于初入公司，总是会干一些扫地、擦桌子的杂活，但她一直踏踏实实、默默无闻地工作着。由于职位卑微，人们几乎忘了她的存在，但就是这样一个人，在一天晚上公司保险箱被窃时，与小偷进行了殊死搏斗。

事后，有人问她为什么不顾危险要与小偷搏斗，答案却出人意料。她说，当总经理从她身旁经过时，总会不时地赞美她"你扫的地很干净"、"你擦的桌子一尘不染"。

就是这么简简单单的话，就使这个员工受到了感动，并在关键时刻挺身而出。

扫地、擦桌子是每一个人都会做的事情，所以一般不会引人关注。对于一个初入公司的小职员来说，扫地更是分内之事，即使扫得很干净，对习以为常的人来说也无特别之处，更用不着花时间赞扬一番。但这个公司的总经理却没有忽视，他时不时的赞美给了这位小职员非常的勇气，使她在无形中与公司站到了同一战线上，而且甘愿为了捍卫公司的利益付出。正是一句平常的赞美便征服了这位小职员的心，让她愿意为公司的利益冒险。可见注意别人的细节，真诚地赞美他人的细小之处会让人开心。

细节往往是容易被人忽视的，但是细节往往会让人注入更多的心血、时间，要把细节做好，靠的不仅是一种敬业的态度，还有一种默默无闻的精神。即在不为人知的情况下也愿意做好这件事情，这就证明，做事的人本身就有高尚的情操，他是怀有自豪的心情的，所以适时的赞美，也是迎合了做事人的心理。下面我们再来看几个例子：

丘吉尔天生残疾，腿脚行动非常不便，上学的时候同学都叫他瘸子。他成了同学冷嘲热讽的对象和老师的出气筒。长此以往，丘吉尔便灰心丧气，整天懒懒散散，成绩一直倒数第一。他一度失去了前进的力量。然而，最终他成为历史上赫赫有名的首相，这都得归功于他的一位老师所发出的一句赞美之语，由此也成了他人生的转折点。当丘吉尔取得一点点进步时，这位老师便极力鼓励和赞扬。只要丘吉尔按时完成作业，老师就在班级上提名表扬；只要成绩进步一点点，老师就在丘吉尔父母面前夸奖他一番。尤其是对他进步的细节，这位老师也不忘记夸奖。一次，老师提出了一个问题，当时，全班同学没有一个人举手，大家都不知道如何回答，此时，丘吉尔悄悄地举起了手，并且回答得很好。于是，老师便夸赞道："这么多人都回答不上来的问题，而丘吉尔却回答了出来，大家说他是不是很棒啊！"大家也异口同声地说："是的，他很棒。"然后老师接着说："丘吉尔一向认真好学，所以才能回答出来这个问题。"就这样，在老师的赞美下，渐渐地，丘吉尔克服了心理障碍，成绩不断提高。最终成为英国的首相。

赞美给失意落寞的人以温暖和慰藉，给受伤的人以力量和勇气，而细节之中的赞美更让人体会点点滴滴的爱意，那是一种春风化雨的感动，是一种心灵深处的满足和感激。

　　一个巡警巡逻时发现，某仓库门口的灭火器坏了，他立刻重新布置好防火的设备。这件事被组长知道后，就当面表扬了他，称赞他很细心。这件事传到局长耳朵里，局长也提出了表扬，说他做事顾全大局。这位巡警自然很高兴。以后的工作中他很注意灭火器的功能是否正常。如果有坏的就及时更换，在他工作期间，更换过无数的灭火器，谁也没有将这些事放在心上。

　　有一天，有个装满烟花的仓库着火了，大家一下子就手忙脚乱，幸好灭火器功能正常，大家一齐动手及时扑灭火苗。事后，大家都很奇怪，这里的灭火器明明是坏的，怎么能派上用场呢？原来他们知道灭火器是坏的，只是存在侥幸心理没有及时更换。有人记起，有一天他看见那位巡警在这里忙进忙出的，现在想起来，肯定是在换设备。如果不是那位巡警，后果不堪设想，现在大家想起来都有些后怕，真是应该好好感谢这位巡警。

　　就是因为几句看似微不足道的赞美，就让这位巡警时刻不忘检查小小的灭火器。也是因为几句赞美，让本该发生的灾难在顷刻间得到控制。试想，如果这位巡警在第一次弄好灭火器之后，没有得到领导的赞美，也许之后他就不会刻意地去关注灭火器，那么，在后来发生火灾时，也就是另外一种结局了。所以，不要吝啬一句赞美的话，也不要对看似微不足道的事情不去关心，要知道，有时候细节决定成败，赞美别人行为的细节也会产生巨大的影响力。

　　一位小女孩因为一场大病导致声音沙哑。她没有朋友，对生活失去信心。亲人都想方设法让她开心，希望她的生命多一些快乐。他的父母为她请来家庭教师，在家里教她发音。她尽量认真地发音，可总觉得自己的发音糟糕极了，但她那漂亮的女老师在她的耳边轻轻低语："你的声音真好听。""才不是呢，我觉得糟糕极了。"小女孩吼叫着，她觉得老师在欺骗自己。"你的声音轻轻的很温柔，如果小鸟听了就会跟着你唱歌，如果小朋友听了都会愿意和你做朋友。""真的吗?"小女孩有些相信了。老师肯定地点点头。从此她热爱生活。逐渐变得开朗活泼起来，最终获得了巨大的成就。

　　从以上的几个小故事中，我们不难发现，从细节出发赞美别人，同样能收到很好的效果，以小扬大更能体现出赞美者的真诚。

细节虽然很小，也容易被忽视，但是正是因为没有人注意到它，没有人去赞美它，所以赞美更能引起对方的愉悦感受。细节经过发掘、提炼和升华，能够产生神奇的效果。让我们学会从细节入手去赞美别人吧！

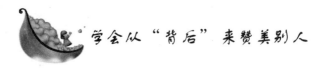

学会从"背后"来赞美别人

莎士比亚说，赞美倘若从欣赏者的嘴里发出，会减去赞美的价值；从敌人嘴里发出的赞美，才是真正的荣光。有时当面的赞美只会得到敷衍的笑容，这样的笑容里透露出来的信息，是被赞美者不相信这样赞美的真诚，这样不仅达不到效果，还会让赞美者处于尴尬的局面。赞美的奥妙和魅力是无穷的，而最有效的赞美是在第三个人面前，通过第三者的嘴传达你的赞美之词将会收到更好的效果。因为在人背后的赞美本身会加大赞美的真实性，当事人不在现场时，人们会放松警戒，对别人的评判也会发自内心，如果此时仍然可以说出赞美的语言，就说明赞美者的诚意，也更能让人信服。

有一个孩子出生在美国弗吉尼亚州的贫寒家庭，在他很小的时候，母亲就去世了。缺少母爱的他成了一个异常顽劣的孩子，他曾偷偷向邻居家的窗户扔石头，还把死兔子装进桶里放到学校的火炉里烧烤，弄得臭气熏天，父亲想尽办法还是没能改变他。

在他9岁那年，父亲要娶另外一个女人，他要有一位继母了。继母的成长环境很优越，行为举止也很优雅。父亲把他拖过来介绍给继母时说："亲爱的，这个孩子非常顽皮，你可要好好管教。"继母只是淡淡地笑笑。

一天早上，这个孩子来到厨房，听见继母在谈论他，孩子就躲起来偷听，他想这个继母肯定是在说他的坏话。出乎孩子意料的是，继母对父亲说不应该那样评价孩子，他不是全州最坏的男孩，而是最聪明、却没发挥出潜力的男孩。继母这句话让男孩心里热乎乎的，眼泪几乎滚落下来。就凭她这句话，他开始与继母建立友谊，也就是这一句话，成为激励他的动力。这个男孩就是大名鼎鼎的戴尔·卡耐基。

如果继母当着孩子的面来赞美他，必定会遭到孩子的质疑。觉得继母只是想在父亲面前展现自己的善良，如此肯定会产生反效果。但当继母在卡耐基的背后赞扬他时，反而让她得到了卡耐基的认同。继母用一句背后赞美的话不仅消除了与卡耐基之间的隔膜，拉近了彼此的关系。更激励了这个别人认为的无可救药的坏孩子，矫正了卡耐基的行为，使他成为一个好孩子，并最终取得了辉煌的成就。

如果有人说他要告诉你一个秘密，你可不能再告诉别人，而这个秘密还是这个人对他人的赞美之词时，你可能通常并不会真的去保守这个秘密，而是会就将此秘密告诉别人，这个人也正是那个被赞美的人。于是，被赞美者自然会觉得快乐无比，所以，在背后赞美别人可以获得比当面赞美更好的效果。利用这种人性特点，将称赞之词传出去，的确是恭维别人、尊崇他人的良好方法。依据心理学的理论，背后的称赞比当面的赞美，更能获得他人的欢心。

赞美的奥妙无穷，最有效的赞美莫过于在第三者面前赞美下属。这种方法不仅能使对方愉悦，更具有真实感。假如有一个人对你说："我的朋友经常对我说，你是位很了不起的人！"相信你定会非常感动，也会对这位赞美你的人更有好感。因为这种赞美比起一个男人当面对你说："小姐，我是你的崇拜者"更让人舒服，也更让人信服。

有位年轻人从小就期盼着长大后成为一名作家。可是残酷的现实一次次地打击他，年轻人的父亲因为欠下债务无力偿还，被人告上法庭关入牢里。自此他就中断学业，流浪街头，时常忍受饥饿之苦。后来好不容易找到了一份工作，可工作环境很糟糕，每天都不得不在老鼠横行的仓库里贴鞋油标签，一天工作下来又累又饿，晚上也没有可以好好休息的地方，他只能和两个从贫民窟来的孩子一起睡在一间阴森冰凉的房间里。

在这样艰苦的条件下，他仍不放弃梦想，坚持写作。但他对自己的作品毫无信心，为免遭他人讥笑，他趁着黑夜溜出去，悄悄地把他的第一篇稿子寄出去。满怀欣喜等待他的却是退稿的信件。而且稿子写出一篇就被退回一篇，他几乎绝望了，不想再写作了，在

199

他要放弃的时候，有一位编辑找到他，对他说："我很欣赏你的文笔，希望你可以为我的杂志投稿。"但是他却拒绝了这位编辑，他觉得这位编辑只是在开他玩笑。

之后他的一位好友拜访他时提到了那位编辑，好友说那位编辑十分欣赏他，不能和他合作实在很可惜。好友看到他犹豫的表情说，我有他的联系方式，你要是还有兴趣，他随时欢迎你。这位年轻人重拾"战笔"，而后成为英国著名的文学家，他就是狄更斯。

当人极度失意的时候，赞美反而可能被误解。接连受到打击的狄更斯听到赞美也无法唤起他的自信，他只觉得此时编辑的赞美听起来就像是讽刺。因为，他投了那么多的稿子，没有人来欣赏他，而现在却出来一个，显然是不衷心的。在这种状态下，编辑当然会遭到拒绝。之后，编辑巧借狄更斯朋友的嘴巴传递自己的赞美之情，喜获狄更斯的合作，既成就了自己，也成就了狄更斯。

这就是背后赞美的力量！当面赞美对方极可能被理解为那是你的应酬话、恭维话，目的只在于安慰对方。而若你通过第三者的嘴去传达这种意思，效果便截然不同了。此时，当事人必然认为那是你对他真诚的赞美，没有掺杂虚假的成分，自然也就乐于接受，而且还会对你的"知遇之恩"感激不已。

铁血宰相俾斯麦是德国历史上著名的政治家和外交家，当时他提出了一项政策，但他担心自己的政策会遭到敌视他的议员的反对。为了让政策能顺利通过，他便在别人面前赞美那位议员，后来，两人成了坚不可摧的政治盟友。赞美一个人，当面说和背后说的效果是不一样的，适时地从背后来赞美别人，会为自己的赞美加上不少分。不要吝啬背后的赞美之言，如果传到赞美对象的耳边，将会收获非凡的效果。

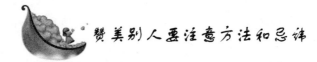

赞美别人要注意方法和忌讳

任何形式的赞美虽然都有其优势，但无论是当面赞美还是背后赞美，都要注意方法和忌讳。每个人的价值观和世界观不同，对于事物的接受程度也有差异。如果赞美运用得当，当面和背后的赞美都会取得好的效果；如果犯了忌讳，无论当面还是背后的赞美，都会让别人生厌。

1. 赞美时要考虑性格、兴趣等因素

一位推销员见到一位姑娘就走上前去，赞美这位姑娘的肤色很白，姑娘只是浅浅地笑笑。就要绕过他，继续向前走。但是这位推销员和这位姑娘并行着。又开始大加赞赏，说这位姑娘很漂亮，是他见过的最漂亮的……这位姑娘厌烦地拐进了一家商店，摆脱掉了这位推销员。这位推销员也纳闷。刚刚那位姑娘就很喜欢自己夸她漂亮，而这位为什么就不喜欢呢？

一母生九子，九子各不同。每个人都有自己的性格特点，即使是亲兄弟，彼此之间的性情脾气也有所不同。每个人喜欢的赞美方式也不相同，有的喜欢含蓄，有的喜欢直露。如果不根据他们个人的特点来赞美，就会给人以轻浮之感，觉得你的赞美没有价值，更不要说给人以鼓励，增进彼此的好感了。

这位推销员却不明白这个道理，以为所有的女孩子都喜欢被别人用这种方式大加赞扬，就当街把自己所知道的赞美词语悉数表达出来，结果失去了客户，自己还不明白问题出在什么地方。有时面对陌生人，我们无从了解对方的性格，那就要察言观色。有时一个人的一颦一笑、一举一动都可以反映出这个人的内心世界。所以聪明的人赞美他人也懂得讲究技巧，抓住对方的心理世界适时、适度地去赞美。总之注意细节，适可而止，就能掌握好火候。

2. 赞美时切莫不懂装懂

一位商人很喜欢收集某位画家的画，在画展上商人看着这位画家的展画赞叹不已，画家在旁边听着心里很是高兴。但商人突然又赞扬道："这幅画真漂亮，很有美国画家莫奈的神韵。"听到这句话，画家鄙视地看了一眼商人，莫奈是法国印象派画家。而他这幅画更多的是采用了意识流的手法，和印象派画风虽同实异。于是画家和他的合作伙伴专门交代，如果这位商人要收藏这幅画，就说已经有人全部预订了。在画家看来，不懂画的商人是没有资格收藏他的

画的。

赞美他人必须建立在相对了解的基础上，特别是一些专业知识很强的信息，如果我们不懂却充当行家，只会让自己出尽洋相。在现实生活中常会发生这样的情况。为了显示自己的才学，对于自己不了解的东西妄加赞扬，觉得这样的赞美不仅彰显了自己的知识水平，也夸奖了对方，为自己赢得好感。其实，这样不但不会为自己赢得多高的评价，反而会显得自己粗浅。懂行才能抓住重点，才能把话说到点子上。所以，对于自己不知道的领域，不要急着赞美，先做一些功课，这样既是对别人的尊重，也是对自己的尊重。

3. 赞美要顾忌他人的忌讳

每个人的价值观会使他形成对某种事物的禁忌，这常常反映着本人所处的文化传统和生活习性的情境。不同文化之间的禁忌是不一样的，如果不加注意，我们会在无意间伤害别人，而且这种伤害也会给自己带来麻烦。因此在赞美或与对方沟通之前，都要先审慎地了解对方是否存在某些忌讳。

4. 赞美要有根据

一次，一位大学教授到某学院讲课，随行的还有一位助理，校长亲自接待他们，走进校园里，助理就对校长说："校长，您真有能力，把学校治理得这么好。"校长只是淡淡地一笑。这笑带着明显的肌肉运动，显然不是发自内心的。教授接着说："是呀！学校的环境真好，校园绿化得好，靠榆树墙自然地把校园分割成了教学区、学生活动区。学生管理得也好，学生上早操，在走廊里只听到刷刷的跑步声，却听不到说话的声音，而且穿的是统一的校服，真带劲！"校长听后满脸的喜悦，连连点头并自豪地说："那是。"

赞美如果只是一句空空的话，会让别人觉得你是在应付了事。这样的赞美就是一种讽刺，轻则让人觉得你是在拍马屁，重则让对方觉得你是个很爱慕虚荣的人。只有将自己由衷赞叹的原因详细地列举出来，才会让对方感觉到你的诚意，才会真正信服。

赞美的力量是伟大的

如果需要爱，就要学会付出爱；如果需要别人的关注和欣赏，就要学会对别人关注和欣赏；如果想物质上富有，就要先帮助别人富有起来；如果要想得到你想要的，就去赞美别人吧。

事实上，得到的最简易方法是让别人得到他们所要的。这一原则适用于个人、公司、社会和国家。如果想幸福地拥有生命中一切美好的东西，那就学会默默地赞赏每一个人吧。

有资料显示：经常赏识他人，夸奖、赞美他人的人往往处事积极乐观，受人欢迎，受人尊敬，不常生病，并且比一般人长寿；而常指责、抱怨他人的人没有朋友，孤单落寞，身体、心理脆弱，比一般人寿命短。

很多年前，在一个小镇上，有一名邮递员在送信途中不小心被一块石头绊倒了，他刚想抱怨，低头却发现这是一块形状奇异的石头。他想，若是用许多这样的石头建成城堡，该多好啊！他的好奇心顿生，便欣喜地将石头捡起来，装进邮包。之后，每天送信，他总会捡一块奇异的石头。日复一日，他捡的石头堆满了家门。于是他白天送信，晚上堆砌城堡。渐渐地有路人欣赏、赞美他的努力成果，并给予鼓励。

终于，他在山坡上建成了一座又一座好看的城堡。有一天竟被登上报纸的头条，许多人慕名而来，其中包括当时著名的画家毕加索，他惊叹青年人的技艺，大加赞赏，并投资将这里改造成著名旅游区。

青年人建城堡获得了他人生意义上的成功，很大的原因就在于他受到了他人的赏识与赞美，可见赏识与赞美是多么的重要啊！

只有真正懂得给予赞美的人，才会领略阳光的灿烂，才能陶醉于黑夜的沉寂，不会再有阳光的日子怨叹日晒，也不会憎恨黑夜的孤寂。

第九章　由衷赞美，快乐荣耀

203

有一位女性心理学家说过："如果你希望你的男友成为好男人，那么，不要喋喋不休地要求他，要按照你希望他成为的样子去赞美他。"如果只是指责他的负面行为，只会使两人翻脸；称赞他，反而能激发他的好男人潜能。

也许赞美是个善意的诡计，但任何心理正常的人，都愿意开心接纳。想要收获，与其强索，不如先发制人！心甘情愿给予的人永不吃亏。觉得自己不甘愿了，就别再给。心不甘情不愿地给，对接受者来说也有害无益。

第十章　微笑处世，其乐融融

　　一个微笑面对世界的人，总能够看到事情较有利的一面，期待最有利的结果。他不会被困难吓倒，也很少有忧郁、悲观，他总是积极向上，无论做任何事情都更容易成功。

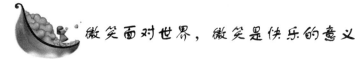
微笑面对世界，微笑是快乐的意义

大仲马曾说："人生是一串由无数小烦恼组成的念珠，乐观的人是笑着数完这串念珠的。"一个微笑面对世界的人，总能够看到事情较有利的一面，期待最有利的结果。他不会被困难吓倒，也很少有忧郁、悲观，他总是积极向上，无论做任何事情都更容易成功。

微笑面对世界的人总是相信生活是愉快的，有利的事情是永久的。普遍的事情随时都有，随处都在，它能从生活中不断感到快乐、鼓舞，即使遇到不幸的事件，它也能从中发现有价值的东西，并且相信快乐将会来临。

微笑面对世界，其实很简单，只要你学会乐观地思考。乐观地思考就是换一个角度去考虑问题，以一种自己增长信心的方式考虑问题，这应当从现在学会乐观地思考。

微笑面对世界，对于人的身心、生活、事业都有莫大的益处，微笑给自己自信，从微笑中感受生活的阳光。同一个问题，乐观和悲观的人会作出相反的结论，产生相反的感受，关键是看你自己怎么想。做一个微笑面对生活的人，你自己的人生也会从此改观。

用微笑面对世界。因为时代需要达观的人，祖国建设更需要达观的人。伟大的心胸为一切成功之本，而那些愁眉不展、郁郁寡欢的人，那些想发挥高水平却一味发牢骚的人，那些遇到挫折便心灰意冷、一蹶不振的人，社会不信任他们，人民不信任他们。试想，对待生活一味悲观丧气者，在事业上能有自信吗？能成功吗？只有那些信心十足、乐观向上的人，才足以创造人生的价值。

"艺术人生"和"新闻调查"栏目都曾向全国电视观众介绍了一个人，这个人叫丛飞。丛飞是谁？他是深圳一个普通的歌手，一个没有固定工作、没有单位的三十出头的男人，但就是这个脸上始终带笑的歌手，在 11 年的时间里，他参加了 400 多场义演，捐出了自己辛辛苦苦挣来的 500 万元，资助了 178 名贫困学生。如今他是一个病人、一个被诊断为"胃癌晚期"却连医疗费也付不起的病人，但是他始终用微笑面对生活，面对人生。当然，丛飞还有另外的一些很光荣的头衔：爱心大使、五星级义工、中国百名优秀志愿者。而丛飞在接受采访时则笑着说："有人说我有3个头衔：傻子、疯子、神经病。"

丛飞的微笑就像阳光，给别人带来温暖，也给自己带来希望。一个被诊断为"胃癌晚期"却连医疗费也付不起的病人能用微笑面对生活，我们没有理由不微笑地面对生活。生活中需要微笑，如果人在生活中，连起码的微笑也没有，那么这个人是不会幸福的；反之，如果我们用微笑面对生活，生活也会用微笑面对你。

微笑是快乐的意义；微笑是幸福的诠释；微笑是温暖的真谛；微笑是挫折的鼓励；微笑还是坚强的象征。阳光雨露，鸟语花香，对于每个人都公平给予；欢乐喜悦，烦恼忧伤，却属于每一个人私有。人生总是美好的，不是苦恼太多，只是我们不懂生活；不是幸福太少，只是我们不懂把握。面对生活，不论是失意，还是挫折；不论是阴云密布，还是困难重重，都要选择微笑，因为美好的人生需要微笑。

哈维已经结婚很多年了，结婚以后，不管是从早上起来，还是在他上班的时候，他很少对自己的太太微笑或者说上几句话，也从不对自己的同事微笑。哈维觉得自己是这个世界最不开心的人。

有一天，在哈维参加的继续教育培训班中，他被要求准备以"微笑的经验"为题发表一段谈话，他就决定亲自试一个星期看看。

如今的哈维要去上班的时候，就会对大楼的电梯管理员微笑着，说一声"早安"；他用微笑跟大楼门口的警卫打招呼；他对地铁的检票小姐微笑；当他站在交易所时，他对那些以前从没见过自己微笑的人微笑。

哈维很快就发现，每一个人也对他报以微笑。他以一种愉悦的态度来对待那些满肚子牢骚的人。他一面听着他们的牢骚，一面微笑着，于是问题就很容易地解决了。哈维发现微笑带给自己更多的收入，每天都带来更多的钞票。

哈维跟另一位经纪人合用一间办公室，对方是个很讨人喜欢的年轻人。哈维告诉那位年轻人最近自己在微笑方面的体会和收获，并声称自己很为所得到的结果而高兴。那位年轻人对他说："当我最初跟您共用办公室的时候，我认为您是一个非常闷的人。直到最近，我才改变看法。当您微笑的时候，能感受到您的阳光，您的生活肯定是灿烂无比的。"

一个人的笑容就是你善意的信使，你的笑容能照亮所有看到它的人。对那些整天都看到紧锁眉头、愁容满面、视若无睹的人来说，你的笑容就像穿过乌云的太阳。尤其对那些承受上司、客户、老师、父母或子女的压力的人，笑容能帮助他们了解一切都是有希望的，让他们感受到人生的美好。

在生活中，我们难免会遇到挫折或者不幸，但是如果我们能够在遇到挫折的时候始终保持微笑的面孔，那我们不仅赢得了人生，还赢得了世界。

桑兰，中国体操运动员。1998 年 7 月，桑兰在纽约参加第四届友好运动会期间，不幸颈椎重伤。在面对人生中如此重大的变故时，桑兰选择了微笑和坚强。

身负重伤，这实属是个意外。当时桑兰正在进行跳马比赛的赛前热身，在她起跳的那一瞬间，外队一教练"马"前探头干扰了她，导致她动作变形，从高空栽到地上，而且是头先着地。

这个笑容甜美的姑娘来自浙江宁波，1993 年进入国家队，性情温顺，但在遭受如此重大的变故后却表现出难得的坚毅，她的主治医生说："桑兰表现得非常勇敢，她从未抱怨什么，对她我能找到表达的词就是'勇气'。"就算是知道自己再也站不起来之后，她也绝不后悔练体操，她说："我对自己有信心，我永远不会放弃希望。"

因为她的坚强、乐观，美国院方称她为"伟大的中国人民光辉形象"，而那么多美国普通人去看她，并不只是因为她受伤了，而是为她的精神所感染。国务院副总理钱其琛在看望桑兰时说："中国领导人和中国人民都知道这位勇敢的女孩的事。"美国总统克林顿、前总统卡特和里根都曾给桑兰写过信，赞扬她面对悲剧时表现出来的勇气。桑兰的故事还在美国 ABC 电视台播出，这个电视台 50 年来只采访过两个中国人，一个是邓小平，另一个就是桑兰。她的监护人说："她太可爱了，她给了我们很多勇气。"

让我们用微笑面对世界，面对人生，人生就会少一些烦恼，人与人之间就会更加和谐地相处。或许小小的微笑不能改变你的整个人生，但是至少让你学会用快乐的心态为人处世。

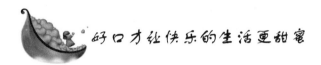

钱钟书曾在《围城》里说道："当面对心爱的男人，每个女人都有返老还童的绝技。"可见爱情的力量的确伟大，科学不能解决的问题也不在话下。

说起爱的味道，也许大多数人脱口而出："甜蜜"，的确，爱情能让人沉浸在无比的甜蜜当中，像是在生命里加入了蜂蜜一般。

那我们如何在爱情里加入些调味品，让它变得更甜蜜呢？答案便是口才！

口才是如何让爱更甜蜜的？各位不要怀疑，答案就在这篇文章里。

先从开始说起吧，好的开始便成功了一半。这话对于爱情也一样有用。一开始的表白对于后来的发展尤为重要，怎样表白才能成功呢？

一对农村小伙和姑娘彼此倾慕，但是都羞于表白。一天，两人在田间相遇，姑娘灵机一动，指着在花间飞动的蝴蝶问小伙："你说为什么只见蝴蝶恋花，不见花追蝴蝶呢？"小伙转瞬明白了对方的意思，坦率地表达了对姑娘的爱慕之情。

这位姑娘的无疑而问，自然令对方思考到其双关意义，话语婉转、巧妙，既实现了完美的表情达意，又不丢脸面，不留人口实。

有了这样一个好的开端，爱情便轰轰烈烈的开始了。有一千个读者，就有一千个哈姆雷特。爱情就如哈姆雷特一般，在每个人心里都是不同的样子。但是仔细想一下，下面的一些情况或许坠入爱河的人都遇到过。那我就具体的说一说这些情况里是如何运用口才

为爱添砖加瓦的。

1. 斗嘴也是爱情语言的糖

首先是斗嘴，这点儿不用多说。嘴巴自然是斗嘴的主角。关于这个，我们看看《红楼梦》里那场经典的斗嘴：

《红楼梦》第十九回写宝玉到黛玉房里，见她睡在那里，就去推她，黛玉说："你且别处去闹会子再来。"宝玉推她道："我往哪里去呢？见了别人怪腻的。"黛玉听了，嗤的一声笑道："你既要在这里，那边去老老实实的坐着，咱们说话儿。"

宝玉道："我也歪着。"黛玉道："你就歪着。"宝玉道："没有枕头，咱们在一个枕头上。"黛玉道："放屁！外头不是枕头？拿一个来枕着。"宝玉看了一眼，回来笑道："那个我不要，也不知是哪个脏婆子的。"黛玉听了，睁开眼，起身笑道："真真你是我命中的'天魔星'！请枕这一个。"她把自己的枕头让给宝玉，自己又拿一个枕着。

这一段斗嘴，就为抢一个枕头，事很小，语言也都是很普通的日常口语，而且黛玉骂得毫不客气，要在一般关系的男女之间，可能已经伤了和气。但在恋人之间，打是亲、骂是爱，斗嘴只是示爱的一种活泼而随意的方式，所以宝玉和黛玉都没有因斗嘴而斗气，相反却越斗越亲密。

中国台湾女作家玄小佛在她的短篇小说《落梦》中，也描写了恋人戴成豪和谷湄问的一段斗嘴：

"我真不懂，你怎么不能变得温柔点。"

"我也真不懂，你怎么不能变得温和点。"

"好了……你缺乏柔，我缺乏和，综合的说，我们的空气一直缺少了柔和这玩意儿。"

"需要制造吗？"

"你看呢？"

"随便。"

"以后你能温柔点就多温柔点。"

"你能温和些也请温和些。"

"认识四年，我们吵了四年。"

学会让别人快乐

"罪魁是戴成豪。"

"谷湄也有份。"

"起码你比较该死，比较混蛋。"

不难看出，这对恋人，两人彼此依赖、深深相爱，但是两人都具有独立不羁的性格，谁都想改变对方，而谁又都改变不了自己。然而从两人针锋相对的话语里，我们分明感觉到他们彼此的宽容、彼此的相知，我们会很真切地感觉到浓浓的爱意从他们的内心流溢而出。

2. 安慰让爱更浓

也许女人天性多疑，也许女人情绪易变，所以作为男人就要多说一些安慰、体贴的话，缓和她的情绪。

当女人感觉到有人在背后支持她时，她的心情容易慢慢转好，双方就可度过短暂的低潮期。当女友心情不好时，男方一定要用适当的语句给予安慰，千万不能慌不择言，让对方有火上浇油的感觉。下面就一些比较具体的情况加以介绍：

当她心烦意乱时：

她会开始抱怨她的生活。男人这时只要倾听她的抱怨，别拒绝她，也不要不耐烦。等她说完她的事情后，男人别帮她寻求解决方案，她真正需要的是安慰。如果她说："我没时间出去，我有好多事要做，做不完了。"这时，男友不能说："那就别做这么多事，你应该好好休息，放松一下。"而是应该说："你真的有好多事要做。"然后，体谅地听她细说每一件事。听她说完后，问问是否可以帮助她，这会令她感到宽慰。

当她担心男友不够爱自己时：

她可能会开始问很多问题，有的是关于恋爱双方之间的关系的，有的则是关于男友的感觉的。这时候，不需要为这些问题寻求理智的答案，因为她只是想确定男友是否还爱她。如果她说："你觉得我胖吗？"男友不能回答："是啊，你是没有模特儿的身材，可是模特儿都是饿出来的。"或："你不需要这么苛求自己，我不在乎你的身材。"而是应该说："我觉得你很美，而且我喜欢这样的你。"然后给她一个拥抱。如果她说："你觉得我们相配吗？你还爱我吗？"男友不该说："我觉得还有些方面我们必须再沟通。"或："你还要问几次？这个话题我们已经讨论过了。"而最好这样说："是啊，我好爱你。你是我生命中最特别的女人。"或："我越了解你，就越爱你。"

当她觉得怨恨时：

女人都希望自己的付出能有所回报，这样她会更加努力。当她发现她付出的远比她所获得的要多，而且她心情正好又处于低潮时，就会产生怨恨的感觉。她的怨恨对象有可能是她的伴侣、工作、生活、父母甚至交通状况或其他事情。男人在这时候千万别指责她，说她想法太负面或不讲理，也不要尝试立即把她从这些情绪中拉出来。如果女友说："我讨厌我的主管，他对我要求太多了。"男友千万别说："他可能不知道你已经做了很多事了，他只是希望你能有最好的发挥。"或："你应该告诉他你的负担够大了，直接拒绝他。"你可以说："他不知道你做了这么多事，他到底想怎样？"然后，听她抱怨。

如果一个女人因为某件事而产生怨恨的感觉，她最不希望的就是对方对那件事不屑一顾，反而认为她小题大做。她需要的是把事情说出来，发泄一下她的情绪，希望对方能跟她站在同一阵线上，这也就是亲密关系的意义所在。

安慰的话要起到缓解精神压力的作用，首先要重视对方情绪的不快，再以温和的语言劝解，男女双方的感情才会因此更加和谐。

3. 妙言应对小脾气

男女之间因各自的心理特点发生矛盾冲突时，若仅仅站在异性的观点上看问题，很可能会将对方的心理特点看成缺点，因而对方在你眼里也会变得一无是处，然而若站在超然的观点上看，特点就是特点，并无优劣之分，问题就好解决了。

时常有男性因女性的无理取闹，自己百般劝解仍无法制止而大伤脑筋。其实，应付这种场面的最好办法就是只听不说。

当你停止解释而开始倾听时，女性可能因为发觉你在专心听而说得更起劲。但你最正确的反应应该是"倾听"、"沉默"。

212　　　这是在进行一场"耐性比赛"？是的，一点不错。而这场"耐性比赛"的最后失败者，往往是女性。女性做任何事情的动机，感情的成分远比理性的成分大，所以半途而废的可能性也高。在你倾听和沉默的这段时间里，她的头脑会逐渐冷静下来，会进行自我反省，会觉察到自己是无理取闹，于是偃旗息鼓。

"工作和我，哪一个对你重要？"男子最怕女性提出的这类问题。反过来说也一样，女子若想叫男子瞠目结舌，结结巴巴讲不成话，只要多提这类问题即可。

一个人的生活有许多个层次。工作和妻子对男性来说，属于不同的生活层面，属于不同层面的东西是无法加以比较的。

其中的道理，女性其实也知道，但她还是要问。与其说她是在询问男性的选择，不如说是在向男性提出"你对我不够好"的抗议。

女性提出这类略有点"胡闹"色彩的问题，通常在是情绪纷乱或情绪波动较大时，所以想纯粹用道理去说服她，似乎也不大可能，这时最佳的办法就是引导她尽量说想说的话，将内心感情宣泄出来。

等她发泄过后，头脑冷静了，再对她说："你当然对我很重要，正因为你很重要，所以我更要努力工作，开创我们美满的未来。"以这种模棱两可的说法暗示她，是一种机敏的做法。

在男性眼里，女性有些理论根本不成其为理论。比方说："因为不要，所以不要。""不行，我提不起精神。""不是告诉过你不行了嘛，还要我怎么说？"诸如此类无法应付的理论，男子往往觉得棘手。

女性这类举止，是心理学上所说的"退化现象"，也即回到了心智发育尚未成熟的阶段。小孩就凡事不以理智而以感情方式达到自己的欲求，所以常用哭的方式来表达自己的要求和拒绝厌恶的事情。

陷入这种情景中的女性，会重现幼儿自我中心的心理特性，这时空洞地讲理或进攻性的强硬姿态都不会奏效，甚至使事情更僵。

消极些的办法是退一步耐心的静静等待，留给女性发泄感情的时间。积极的办法则是设法改变话题，或者改换谈话场所，让谈话气氛改变一下，有助于女性心理障碍的克服。日本作家太宰治的一篇小说中就描写过这类场面：小说中的男主人公待女主人公哭过之后，出其不意地拿出她最爱吃的甜羊羹给她吃，原先的紧张气氛一下子消弭殆尽，两人重归于好。

213

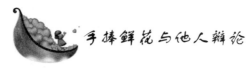
手捧鲜花与他人辩论

辩论是一时的，朋友却是永远的，花朵早晚都会凋谢，留下的余香却能长存心底。

"你的观点完全是愚不可及，你这个白痴。"

坐在我对面的人声嘶力竭地吼道，他发怒的架势让人以为我们之间有什么深仇大恨，而实际上我们只是在针对某个问题进行辩论。

我想，几乎每个人都有过类似的经历吧！

刚开始心平气和地讨论，后来因为分歧越来越大，于是就不由自主地激动起来，到最后甚至到了气急败坏的地步，而你们也许只是在探讨一只小猫的早餐搭配是否合理，这是否有点荒谬呢？

让我们来看看马丁·路德在莱比锡与对手辩论时的表现吧——他的手里捧着一束鲜花，当辩论进行到最激烈的时候，他就会停下来，闻一闻手中的鲜花。也许他的对手会认为他在哗众取宠，但每一个了解马丁·路德的人都知道他是一个性情中人，喜欢鲜花、小鸟、音乐。

这还不足以给我们以启发吗？

辩论是一时的，朋友却是永远的，花朵早晚都会凋谢，留下的余香却能长存心底。

与马丁·路德的优雅姿态不同，《时代的岩石》的作者托普莱迪因为和约翰·韦斯利在一些宗教问题上有分歧，他为了泄恨，出版了一本小册子，名叫《一个被涂上了焦油、粘上了羽毛的老狐狸》，用来讽刺约翰·韦斯利，这让人们大跌眼镜，难道托普莱迪不是一位虔诚的基督教徒吗？他显然手里并没有拿着鲜花，而是用瓦片和焦油打击跟他意见不合的人。

在生活中，很多人同样缺少容人的雅量，特别是在与人争论的时候，有时唇枪舌剑已成了我们说话的唯一方式，得理不饶人，无理讲三分，无论多么有价值的辩论，最后都以不欢而散结束，难道这就是我们辩论的初衷吗？

我们当然要有所坚持，但是在表达自己的不同见解时，我们完全可以用一种温和的、与人为善的方式，就像马丁·路德做的那样。当然，我们的手里不一定有鲜花，但是只要我们抱着这种友好的态度，对方就一定能感受到我们的香气。

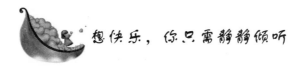

想快乐，你只需静静倾听

在一些时候，别人倾诉他们的痛苦并不是真的想得到我们的建议或帮助，只是想找个人把自己心里的话说出来，我们只需倾听就好。

今天我经历了一件让我迷惑的事情，一个人给我讲述了他的遭遇，我静静地把他的话全部听完，正想要说些什么的时候，他突然站了起来，握住我的手说："太感谢你了，你真是帮了我的大忙！"

我想，我并没有帮他什么大忙啊，我不过是坐在那里听而已。后来我琢磨明白了，他那个时候需要的就是别人安静地倾听。在一些时候，别人倾诉他们的痛苦并不是真的想得到我们的建议或帮助，只是想找个人把自己心里的话说出来，我们只需倾听就好。

但在现实中，真正学会倾听的人并不多，我们总是孜孜不倦地劝导别人，甚至别人还没开始说话，我们就已经唠叨上了，我们说："不要担心，一切都会过去的。"诸如此类程式化的话语，而别人的困境我们可能一无所知，就像自说白话一样。

如果我们真的要倾听，就要心无杂念地用心去听，不要一副不耐烦的模样，否则别人就不会向我们敞开心扉，这对问题的解决毫无帮助。你可以用温暖坚定的目光看着他，让他感觉到你在默默支持着他，这沉默的力量大过 1000 句空洞的安慰。

语言的力量是有限的，当我们用言语来安慰别人时还有可能说错话，表错意，这样就真的是雪上加霜了，但沉默不同，只要你怀着一颗真诚的心，表情充满温暖和关切，那你的朋友一定可以感觉从你身上传来的力量。这种力量是心与心的直接接力，不用通过语言的媒介，所以更快捷更有效。

如果这个世界上少一句无谓的言语，多一些沉默和倾听，那也许就会减少一颗破碎之心，如果我们大家都学会了倾听，那就不会有人一直沉沦在自己不幸的漩涡里面，久久不能出来。但是这真的可以吗？

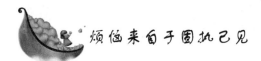

烦恼来自于固执己见

我们烦恼的真实数量只是现有数量的一半。因为我们的烦恼一半来自于坚持己见。另一半来自于坚持己见导致的失败。

智慧可以付诸语言，有时一句妙语就能让我们醍醐灌顶，如果我们换个角度辩证地看待问题，就能总结出一些富有智慧的妙语来，以下是我所总结的：

如果你的眼睛看不见生活中美好的一面，那就把阴暗的那一面擦拭干净，让阴暗的那一面变成美好。

精神病专家的病人里面，有一半是结了婚的，另一半没有结婚。这个现象可以说明现代人的婚姻状况。

当挫折找到你时，不要害怕，记住，从来没碰到过麻烦的人到现在为止还没有出生，而我们刚一出生就准备好了要克服各种挫折。

男人的思想更坚定一些，但稍稍一过就变成了偏执和死板；女人的思想更灵活一些，但稍稍一过就变成了善变。

知识是我们所知道的信息加上我们自己的见识，而许多人眼里的知识仅仅只是信息而已。

好人是善良的，但是魔鬼能用它炉火纯青的手段让好人在善良动机的驱使下去做坏事。这一点一定要警惕。

很多蠢货自以为抛弃了生活，到头来才发现原来是自己被生活抛弃了。

有人说事实加上信仰，加上希望，加上爱，就能造就一个完美的人。我说，还要加上一点恐惧。

女人不停地指挥丈夫，却总以为是丈夫在指挥自己，这种行为有点像得了便宜卖乖，但是她们自己是意识不到的。

我们的生活之所以不快乐，是因为我们还没有找到比自己更能让我们感兴趣的东西。

有人说爱情就是生活的全部，我想这个人肯定是不愁吃穿，或是活在梦里。

酒精的最大意义是让你暂时麻醉，然后在你醒来时，让你的生活变得更加糟糕。

生活就是一场漫长的考试，但是你永远看不到自己的分数，你的分数是后人对你的评价。

其实我们烦恼的真实数量只是现有数量的一半，因为我们的烦恼一半来自于坚持己见，另一半来自于坚持己见导致的失败。

 小瑕疵能让我们变得更可爱

水至清则无鱼，人至察则无徒。我们身上的那些小瑕疵不仅不会让我们遭人唾弃，还可能是我们与人交往的润滑剂。

我们不愿意跟某人打交道，多是因为这个人有这样那样的缺点，但有的时候却是因为这个人太过于完美。

试想一下，你有这样一位朋友，从他的身上找不到一丝一毫的瑕疵，他走路姿态优美，说话时该铿锵有力时铿锵有力，该婉转时婉转，就连笑容都堪称典范，在庄重的场合笑不露齿，在随意的场合哈哈大笑，他的每一个动作都恰到好处，每一句话都点到为止，仿佛是精准的瑞士手表。如果真有这种人存在，那我想大多数人对他的态度都是敬而远之。

有时我们需要一些小小的瑕疵让我们变得更可爱一些，变得更有人气儿一些，绝对完美的只能是神，如果一个人看起来完美无瑕，多是他自己刻意营造出来的假象。

第十章　微笑处世，其乐融融

我们大多数人都是残缺的，所以才会害怕完美的事物，有一次林肯碰到了一位陌生人，在他们交谈的过程中，当林肯告诉陌生人自己不喝酒、不抽烟、不说脏字时，陌生人甚至觉得恐怖，于是这个陌生人开始坐立不安起来，林肯为了让他恢复正常，就给他讲了一个下流的笑话。听了笑话后，这个陌生人放心了，说："我的朋友，你终于有了一个缺点，这才像一个人啊！"

水至清则无鱼，人至察则无徒。我们身上的那些小瑕疵不仅不会让我们遭人唾弃，还可能是我们与人交往的润滑剂呢，当然，我们也不应为自己的缺点感到自豪和骄傲，甚至当众夸耀，这样的话就太过分了。

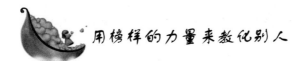

用榜样的力量来教化别人

用榜样的力量来教化别人，如同春风化雨，用说教来教育别人则是事倍功半。

孩子们总是在抱怨学校里的老师，认为他们只会无聊的说教，许多人对此不以为然，教师的职责不就是说教吗？但你要承认，如果一个老师只是在不停地说教，那他是吃力不讨好的。而那些让孩子心悦诚服的老师，几乎很少对孩子进行纯粹的说教，他们多是以身作则，用自己的一言一行去潜移默化地影响孩子。

如果我们的漂亮话说得太多，却总不付诸行动，就会给人以华而不实的印象，即使我们的话再有道理，别人也不会把我们当回事了。老师教育学生，父母教育子女，都要明白这一点，行动比话语更具说服力，如果你想让你的孩子诚实，那么首先你在生活中就不能说谎，如果你想让你的孩子有坚韧不拔的品格，那你就不要因为一点小事而消极低沉。用榜样的力量来教化别人，如同春风化雨，用说教来教育别人则是事倍功半。

榜样胜过雄辩，你用书面道理只能勉强说服别人，还容易引起别人的反感，认为你是站着说话不腰疼，而你的行动则能感化别人，让人打心底认同你。有这样一个关于圣弗朗西斯的故事。他带领兄弟们去村子里布道，他们手挽手向山下走去，沐浴着早春的阳光，谈论着爱和真理。他们穿过村子，从山的另一边回到了修道院门口，期间并没有停下来。"我们并没有布道啊？"一位兄弟疑惑地问。"我们已经布道了！"弗朗西斯回答："我们在上帝所赐予的爱和阳光中沐浴了一整天，这就是我们的布道！"

　　说到不如做到，榜样胜过说教。我们希望别人做到的，自己先把它做好，这样别人才能信服我们，以我们为榜样。

第十章　微笑处世，其乐融融

219

第十一章 克己制怒，快乐身心

　　暴躁易怒的人，动辄发火，后果会害人害己。所以我们应加强自身修养，做到克己制怒。

 克己制怒是成功者必备的修养

暴躁易怒的人，动辄发火，后果会害人害己。所以我们应加强自身修养，做到克己制怒。

克己是制怒的前提。克己就是克制调节自己的激愤情绪。我国清代民族英雄林则徐，为了时时克制自己的急躁情绪，在书房里挂了一块横匾，匾上写着两个遒劲的大字："制怒"。

影片《林则徐》中，有这样一个镜头：

钦差大臣林则徐审问洋人颠地时获悉：粤海关督监豫坤和洋人内外勾结，狼狈为奸，破坏禁烟。顿时，林则徐怒不可遏。把茶碗往桌上用力一磕，"当啷"一声，茶碗碎了。这时，他一抬头，壁上宽大的横匾跃入眼帘——"制怒"。

林则徐由此而警觉，恰当地控制住自己的感情。第二天，他若无其事，依然热情地接待豫坤，经过巧妙周旋，终于让豫坤乖乖地交出了修建虎门炮台的银两。

从林则徐制怒的故事里，我们可以得到一个启示：怒是可以克制的。通过加强自身修养，提高文化素质，就可以逐步达到"每临大事有静气"、"猝然临之而不惊，无故加之而不怒"的境界。我国先贤早已认识到了怒的危害性和制怒的必要性，因此，他们都强调修身克己以制怒。今天我们认真研究制怒的方法，至少可从以下这两个方面去考虑。

一要锻炼息怒。怒，一般是短时的生理反应，因此，莎士比亚把怒比为"激情的爆炸"。此刻制怒的关键在于掌握时间，延缓时间消弭"激情的爆炸"，就会使怒平息下来。

如果争论激烈，用词尖锐，则宜暂时停止，待双方心平气和下来，是非逐渐就会明白。

二要合理泄怒。怒火中烧，怒不可遏，如果把委屈、冤枉都憋在心里，久而久之很可能会抑郁成疾。如《三国演义》中诸葛亮三气周瑜，终使其发怒而死。当我们泄怒时可以寻找适当合理的方式，因为宣泄是人人都会的，关键在于能不能正确、合理而又不损伤他人利益，这也反映出一个人的涵养程度。

当然，我们讲制怒，并不是不许怒，成为事事无动于衷的胆小鬼。岳飞脍炙人口的《满江红》"怒发冲冠，凭栏处"，表现出正义之怒；钟馗抓鬼的传说中载，"钟馗听说一具鬼子，怒从心生，拔剑就砍"，表现出凛然之怒。这些人性中的合理愤怒是值得效法的。我们所说的制怒，是克制在人与人正常交往中所不应发之怒，以及在大是大非面前保持冷静的头脑，做出理智判断的处理方法。

制怒要经过长期的锻炼和修养才能得来。所以我们要从平时做起。从小事入手，逐渐学会"制怒"。我们的内心存蓄着丰富的情感，只要加以利用，它就会帮助我们。珍惜正当的愤怒之情，把它深深地潜藏在心底，只是在必要时才爆发而出。

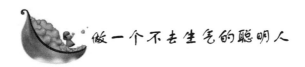

做一个不去生气的聪明人

不能生气的人是笨人，而不去生气的人才是聪明人。一个人必须学会自我调控，控制自我的感情和情绪。

一位曾在酒店行业摸爬滚打多年的老总说："在经营饭店的过程中，几乎天天都会发生能把你气得半死的事。当我在经营饭店并为生计而必须与人打交道的时候，我心中总是牢记着两件事情。第一件是：绝不能让别人的劣势战胜你的优势。第二件是：每当事情出了差错，或者某人真的使你生气了，你不仅不要大发雷霆，而且还要十分镇静，这样做对你的身心健康是大有好处的。"

一位商界精英说："在我与别人共同工作的一生中，多少学到了一些东西，其中之一就是，绝不要对一个人喊叫，除非他离得太远不喊听不见。即使那样，也得确保让他明白你为什么对他喊叫，对人喊叫在任何时候都是没有价值的，这是我一生的经验。喊叫只能制造不必要的烦恼。"

一个经理向全体职工宣布，从明天起谁也不许迟到，自己带头。第二天，经理睡过头，一起床就晚了。他十分沮丧，开车拼命奔向公司，连闯两次红灯，执照被扣。他气喘吁吁地坐在自己的办公室。营销经理来了，他问："昨天那批货物是否发出去了？"营销经理说："还没来得及，今天马上发。"他一拍桌子，严厉训斥了营销经理。营销经理满肚子不愉快回到了自己的办念室。此时秘书进来了。他问昨天那份文件是否打印完了，秘书说没来得及，今天马上打。营销经理找到了出气的借口，严厉责骂了秘书。秘书忍气吞声一直到下班，回到家里，发现孩子躺在沙发中看电视，大骂孩子为什么不看书写作业。孩子带着极大的不高兴来到自己的房间，发现猫竟然趴在自己的地毯上，他把猫狠狠地踢了一脚。

这就是愤怒的链条，我们自己恐怕都有过类似的经历，这叫做"迁怒于人"。在单位被领导训斥了，工作遇到了不顺利，回家对着家人出气。在家同家人发生了不愉快，把家里的东西砸了，又把这种不愉快带到了工作单位，影响工作的正常进行。甚至在路上碰到了陌生人，自行车刮蹭了一下，就同别人发生了口角。更严重的是，发生不愉快之后开车发泄，其后果就更不堪设想了。

在我们的生活中，的确存在着这样一些人，他们爱发脾气，容易愤怒，稍不如意，便火冒三丈，发怒时极易丧失理智，轻则出言不逊，影响人际关系，重则伤人毁物，有时还会造成难以挽回的损失，事后让人追悔莫及。

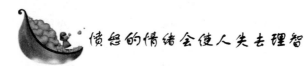

愤怒的情绪会使人失去理智

留心四周，随时都可以发现正在生气发怒的人们。商店里，也许顾客正在和营业员吵架；出租车上，司机也许正因交通堵塞而满脸怒色；公共汽车上，也许两人正在为抢占座位而怒气冲天……种种情形，举不胜举。

心理学家认为，愤怒是指当某人在事与愿违时做出的一种惰性反应。它的形式有沉默不语、敌意情绪、乱摔东西、怒目而视甚至勃然大怒。愤怒的起因往往是不切实际地期望大千世界要与自己的意愿相吻合。当事与愿违时，便会怒不可遏。

古人云："急则有失，怒则无智。"人在发怒时会常常失去理智。

有这样一则寓言故事：

河里有一种叫做河豚的鱼。它喜欢在桥墩间游来游去，有时一不当心，迎头撞在桥墩上，它便怒气勃发，无论如何都不肯走开。

它怨恨桥墩，它怨恨水流，它怨恨自己……于是，它张开两腮，竖起鳍刺，满肚皮充满了怒气，浮到水面上来，许久都不动一动。

这时，一只水鸟掠过河面，一把抓过圆鼓鼓的河豚，享受了一顿鲜美的午餐。

对于一个聪明的人来说，一定不要怒而决断；对于一个头脑清醒的人来说，应做到避免怒而行事。明白事理的人都会知道自己什么时候心情不好，精明的人还要懂得在自己感到不清醒的时候决不采取任何行动，要等到能够对自己面临的难题付之一笑，才采取行动。愤怒时不采取任何行动，"三思方举步"，这是容易发怒者避免失误的妙法。一个高明的人应做到使自己尽量少怒，最好不怒。

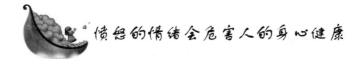

愤怒的情绪会危害人的身心健康

有一些人，特别是青年人，好胜逞强，血气方刚，情绪波动大，更易发怒。通常情况下，发怒容易使人失去理智，给自己的身体乃至学习、工作和生活造成危害。

下面是有关专家总结的几条愤怒的主要危害：

1. 愤怒有损身心健康

愤怒会使人的神经系统出现紊乱，从而导致思想不集中，甚至失去理智的思维，有格言说："怒气有如重物，将破碎于它的跌跤之处。"发怒容易诱发胃溃疡、高血压，冠心病、肝病、脑溢血、神经衰弱等症状，盛怒之下还会昏倒，甚至猝死。

2. 愤怒有损自己的尊严

经常发怒的人，必然缺乏自尊。因为他们把每一种不同意见，都看作是刁难以及对个人的挑战。从某种角度讲，发怒是因为他们不知道怎样表达自己的意见。一般说来，脾气暴躁，沾火就着，是缺乏理智、缺乏涵养、缺乏自尊的表现。

3. 愤怒有损人际关系

人一旦发怒，就必然会对发泄对象说出难听的话，使用让人无法接受的语言，这样，就会损坏人际关系，发怒者可能会有一种发泄的痛快感。但对方呢？他会分享你的痛快吗？发怒，只能引起别人对你的反感与敌视，并且常常会造成人与人之间的感情隔阂、情绪对立和关系紧张。

4. 愤怒会使人犯错误，甚至触犯法律

愤怒常常使人丧失理智，言行不计后果。愤怒时会与人拼命打架、毁坏财物。我们常见的打架斗殴事件大多是一时愤怒而失去理智造成的。有时甚至会做出违法犯罪的事情来。

可见，愤怒没有任何好处，它只会妨碍你的生活。愤怒使你以别人的言行确定自己的情绪，这是多么不明智的做法啊！现在，你可以不去理会别人的言行，大胆选择精神愉快——而不是愤怒。

 有理也不狂，得饶人处且饶人

日常生活中，常有这样两种人：有些人无理争三分，得理不让人。小肚鸡肠。有些人真理在握，不卑不亢，得理也让人三分，显得绰约柔顺，君子风度。

有的人为了一些非原则性的，以及鸡毛蒜皮的小事争得面红耳赤，忙个不亦乐乎，谁也不肯甘拜下风，以至大打出手，闹了个不欢而散。

其实，事后静下心来一想，当时如果忍让三分，自会风平浪静。退守一步，自会海阔天空。所以，越是有理的人，表现得越谦下，

这越能显示出他的胸襟之坦荡、修养之深厚。

可见，"得饶人处且饶人"，方是人生的糊涂境界。对于鸡毛蒜皮的小事。又有什么想不开的?

宋朝政治家范仲淹心地善良仁德，曾说一生所学的只有"忠恕"二字，但受用无尽，以至于在朝廷之中辅佐君主，招待幕僚、朋友、亲戚、家人等从不曾有一刻离开这两个字。范仲淹又告诫他的子弟："人哪怕十分愚笨，指责别人时则又十分聪明，哪怕十分聪明，宽恕自己时却又糊涂了，你们只要常常用责怪别人的思想来责怪自己，用宽恕自己的心意来宽恕别人。不怕不可以成为圣贤的人。"

一般人总是容易记仇而不善于怀恩，因此才有"忘恩负义"、"恩将仇报"、"过河拆桥"等说法。却很少有"以德报怨"、"感恩图报"、"一饭之恩终身不忘"的君子。不过关于"以德报怨"一词，却有商榷的必要，因为孔子主张"以德报德，以直报怨"，否则就会出现"以德报怨，何以报德"的现象。

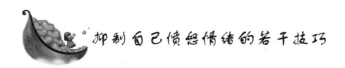

抑制自己愤怒情绪的若干技巧

愤怒，完全是一种可以消除与避免的行为，只要好好地把握自己，你就可以让自己走出这一误区。当然，你需要选择很多新的思维方式，并且需要逐步实现。每当你遇到使你愤怒的人或事时，要努力用思维控制自己。从而使自己对这些人或事有新的看法，并做出积极的反应。

美国一位心理学家向人们介绍了抑制自己愤怒情绪的若干技巧：

1. 设法拖延愤怒。如果你在某一特定的环境中极为典型地表现出愤怒，那么把愤怒拖延 15 秒种，然后以你自己喜欢方式爆发。下次设法拖延 30 秒，不断延长间隔期。一旦你开始意识到，你能摆脱愤怒，你就已经学会了控制愤怒。拖延就是控制，经过大量实践，你将最终能够完全消除它们。

2. 在愤怒时提醒你自己。每个人都有权选择自己的生活方式，你要求任何人都应该与众不同将只会延长你的愤怒。设法允许别人选择，就像坚持认为你有权这么做一样。

3. 向你信任的人寻求帮助。让他们告诉你，他们什么时候看到你以言语的或者以公认的信号的方式发怒。一旦你身上出现这种信号，你就马上想想自己正于什么，并立即实行推迟发怒的策略。

4. 用日记把愤怒记下，记下确切的时间、地点和令你选择发怒的事件。认真对待每个条目，迫使你记下所有愤怒之举。你不久就会发现，如果你持之以恒，就会发现自己的愤怒非常愚蠢，没有必要。

5. 在你爆发怒火之后，宣布你刚才犯了错误。你的目标之一是为了使自己不再经历这样的愤怒。口头宣言将与你的所作所为一起证明：你真的在努力改变你自己。

6. 当你发怒时，试着从身体上接近与你相对立的人。抵消你的敌意的一条途径，就是握手（尽管你内心不愿这么做），并一直握到你已经表达了你的感情和消除了你的愤怒时为止。

7. 当你不发火时，与那些你愤怒的受害者好好谈谈。互相指出令彼此愤怒的言行，然后找一种平心静气交流看法的方式。也许一个便条、或者一个信使、或者一次使争执双方冷静下来的散步，都能够被双方所接受。最终的目的是你不再用毫无意义的愤怒来继续彼此伤害。

8. 当你要动怒时，在内心体会一下对方的感受。以便在最初的几秒钟使你的愤怒无法爆发。最初的 10 秒是至关重要的。一旦你已经度过它们，你的愤怒通常将会平息下来。

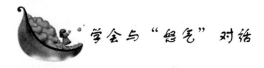

学会与"怒气"对话

很多女人都有这样的经验——对"外遇"特别敏感，尤其容颜随年龄增长而渐老，内心开始不安，对丈夫的限制一天比一天多。所以在职场里，她们特别看不惯眉来眼去的女生，觉得这些女生有勾搭男士的嫌疑，令人反感。她们经常生闷气，明明人家没惹她们，她们就是看那种人不顺眼，动不动就生气，也不知道为什么。直到她们找出自己最深处的担忧及害怕的根源之后，莫名的怒气随即了然于心，自己"与怒气对话"，终于消解了怒气。

如何"与怒气对话"？王女士有个亲身经验。

三年前，性情温和的她竟然在公司痛骂一位同事，只因为看不惯他凡事居功，自以为是。她决定找出自己为什么会一反常态，在公开场合动怒。她在默祷中，自问自答："他的行为根本与我没关系啊，为什么我要生那么大的气？"再问自己："不合理的事很多，为什么唯独对这件事这么生气？"

"这位同事其实很勤快、不偷懒呀，他不过是爱表现而已。究竟这件事对我的意义是什么？"

从自问自答中，她诚恳分析，原来，过去的成长环境与职业训练，教她要谦虚。压抑了想表现自己、赢得赞赏的本性，那些像孔雀般的炫耀居功者，刺激她眼红、愤怒，深觉不公平。每生一次气，她就更加了解自己。经由自我对话，从过去找到每次发怒的关键经验。三年来，她已经逐渐克服了这种一触即发的怒气。

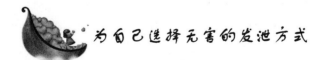

为自己选择无害的发泄方式

美国作家斯宾塞·约翰逊博士说，成功的创业者，不但要善于控制自己的情绪，而且还要为自己准备一个安全的情绪活塞，以便无法自控的，把它打开。因为它是一种无害的发泄方式。

心平气和的人并不是都不发怒的，他们把愤怒发泄于有益之处。

两百余年之前，诗人德来登便把一句拉丁成语改编成这样："你们要当心一个耐心者的愤怒。长久受压迫的情绪，一旦放松，便会酿成最激烈的爆发。"

美国成功学家斯宾塞·约翰逊曾经这样说："如果我在发怒的时候，我绝不让别人知道。我会赶快走开，跑到楼顶上我办公室旁的健身房去，套上打拳的手套，和我的教师对打，把怒气打出来。如果教师不在，便拼命捶打沙袋。"

他的想法确实是对的。当他被刺激的时候，他并不竭力压制他的愤怒，而是跑到一个能发泄的地方，与拳师或袋子打起来。如果他打的时候，想象着他所打的袋子便是激起他怒气的那个人的头，那就更合他的口味了。

美国钞票公司的总经理伍德赫尔也想出了一种很好的办法，以发泄他的怒气。

年轻的时候，他在某公司做一个小小的职员。他很不悦，因为别人不大重视他，而且他觉得提升迟缓。有许多青年都有这种感觉，但是如果他们表现得太明显，就会引起上面的人不高兴。伍德赫尔是使用什么办法来发泄不满的呢？

他说："有一段时期，我这种感觉非常之厉害，渐渐扩大，以至觉得不得不离此而去。但是在我写辞职信之前，我去拿了一支笔和一瓶红墨水——因为黑墨水不足以发泄我火热的愤怒——坐下来把我对于公司中每个上级职员和经理的评判，都写出来。我写得很不错，用了不少的形容词。然后我把单子收起来，把我的忧愤说给一个老友听。"

"以后凡是我忍不住的时候，"伍德赫尔说，"我便坐下来把我所要说而不敢直说的话都写下来。这实在是一种很好的安全活塞。我写了之后，便觉得一身轻松。我把写的这些东西收藏起来，不给人看。以后，别人都晓得我有一种自制的能力。我劝告所有人，无论年轻年老的，都学着写这种红墨水纸条，以约束自己。"

纽约的电气大王爱德利兹认为，把愤怒写在信上有时是很好的，它可以使你的情绪放松一下，不过这种信要留一天再发出，尤其是你要有相当的时间想一想这个重要的问题，"我这种愤怒的言辞如果公开会有什么结果呢？"

曾经在美国民众煤气公司做过30年总经理的比历兹有一种怪脾气，便是对小事容易发脾气，而对于严重的事却能若无其事。有一天他把一盒雪茄烟遗忘在四轮马车里，过一会他记起来了，便回头去找，但是却已不见雪茄的踪影。

他非常愤怒，大声吼叫起来，旁边站着的人以为他掉了很贵重的烟。但事实上却是5分钱一支的雪茄烟，一共不过2元5分钱吧。

他这次的情况，与某次他损失一笔大款项时的情况，形成鲜明的对照。那正是经济恐慌时期。比历兹先生因卧病在床，有几天没出去。可就在这几天里，公司损失了大约3万元。后来，当别人把这一损失告诉他的时候，他却只用手摸着头发，想了一想，然后说："算了吧，如果不打破几个蛋，是做不成软煎蛋的。"

斯宾塞·约翰逊告诉我们，如果因小事而急躁，那么，你就应去找一种发泄的办法，然后平和起来，保持你的精力，以准备应付大事，因为应付大事需要极大的自制力。

第十一章 克己制怒，快乐身心

231